绿色优质农产品生产技术与实践

周绪宝 夏兆刚 乔玉辉◎主编

GREEN
QUALITY

中国原子能出版社
中国科学技术出版社
·北 京·

图书在版编目（CIP）数据

绿色优质农产品生产技术与实践 / 周绪宝，夏兆刚，
乔玉辉主编 . -- 北京：中国原子能出版社：中国科学
技术出版社，2022.12
　ISBN 978-7-5221-2495-7

Ⅰ. ①绿… Ⅱ. ①周… ②夏… ③乔… Ⅲ. ①绿色农
业 - 农产品 - 农业技术 - 研究 Ⅳ. ① S3

中国版本图书馆 CIP 数据核字（2022）第 235435 号

策划编辑	彭慧元	
责任编辑	张　磊	
封面设计	中文天地	
正文设计	中文天地	
责任校对	冯莲凤　张晓莉	
责任印制	赵　明　李晓霖	

出　　版	中国原子能出版社　中国科学技术出版社
发　　行	中国原子能出版社　中国科学技术出版社有限公司发行部
地　　址	北京市海淀区中关村南大街 16 号
邮　　编	100081
发行电话	010-62173865
传　　真	010-62173081
网　　址	http://www.cspbooks.com.cn

开　　本	787mm×1092mm　1/16
字　　数	185 千字
印　　张	11.25
版　　次	2022 年 12 月第 1 版
印　　次	2022 年 12 月第 1 次印刷
印　　刷	北京荣泰印刷有限公司
书　　号	ISBN 978-7-5221-2495-7
定　　价	78.00 元

编委会

前 言

人类的食物归根结底来源于自然界，健康的自然环境是优质食物的保证。扩大绿色优质农产品供应是顺应时代的要求，是新时代促进乡村振兴、满足人民群众对美好生活需要的重大举措，是建设美丽中国、健康中国的时代担当。

党的十八大以来，生态文明建设成为"五位一体"总体布局的重要组成部分。推动绿色发展，促进人与自然和谐共生，提升生态系统的多样性、稳定性和持续性成为社会发展的方向。我国是一个拥有五千多年悠久农业发展史的国家，传统农业经久不断、生生不息，为推进绿色优质农产品生产提供了极好的基础条件。大量现代农业生产技术的应用为增加绿色优质农产品供给插上了智慧的翅膀。本书作者根据多年来的理论和生产实践经验，运用生态学原理，对农业绿色发展、绿色优质农产品生产原则与关键技术以及各地实践中的优秀案例进行了总结，旨在对该领域的发展略尽绵薄之力。

本书以理论和实践相结合为原则，在概述农业绿色发展理念、模式、任务的基础上，系统地阐述了绿色优质农产品生产原则与关键技术，包括食物链原则与应用、作物间套作共生原则与应用、作物与微生物共生系统及应用、稻渔共生系统、种养结合模式。本书还突出实践经验，以与人民群众生活息息相关的稻米、茶叶、蔬菜、果品为例，介绍了当前全国各地的优秀案例，通俗易懂、深入浅出、操作性和复制性较强，适宜于广大农业工作者和生产者阅读，也非常适合家庭农场和规模化基地的从业者使用。

由于编者水平有限，加之绿色优质农产品生产技术在不断探索完善中，谬误之处在所难免，敬请广大读者批评指正。

编者

2022 年 11 月于北京

目 录
Contents

第一章
农业绿色发展理念及模式

第一节　农业绿色发展理念的形成与发展

1. 农业绿色发展理念

1.1　绿色发展理念

1.1.1　可持续发展理念

过去 200 年间，随着工业文明的发展，人类控制自然的能力越来越强大，对自然的索取肆无忌惮。与此同时，全球人口急剧膨胀，自然资源短缺，生态环境恶化，人与自然的关系越来越不和谐，产生了各种生存危机，进而引发了社会各界对传统发展模式的反思和未来发展模式的探索。1987 年，联合国世界环境与发展委员会（WECD）出版的《我们共同的未来》，第一次提出了"可持续发展"的概念，将其定义为"既能满足当代人的需要，又不对后代人满足其需要的能力构成危害的发展"。1992 年，联合国在巴西里约热内卢召开的"环境与发展大会"，通过了以可持续发展为核心的《里约环境与发展宣言》《21 世纪议程》等文件。可持续发展逐渐成为国际社会的共识。2015 年，联合国把可持续发展作为未来重要的全球行动计划。

1.1.2　绿色发展理念

绿色发展是可持续发展的一项重要内容。1989 年，英国经济学家皮尔斯出版的《绿色经济蓝皮书》首次提出了"绿色经济"，并将其称为能够实现可持续发展的经济。联合国环境规划署（UNEP）在《迈向绿色经济：实现可持续发展和消除贫困的各种途径》报告中，将绿色经济定义为"是可促成提高人类福祉和社会公平，同时显著降低环境风险和生态稀缺的经济，具有低碳、资源节约和社会包容的特点"。我国对绿色经济的研究起步较晚，不少学者认为，绿色经济是建立在生态环境良性循环基础之上的、以生态经济为基础、知识经济为主导的可持续发展模式，以维护人类生存环境为目标，合理使用能源和资源为手段的一种平衡式经济。佟贺丰（2015）认为要把实现经济、社会和环境的可持续发展作为绿色经济的发展目标，要把经济活动过程和结果的绿色化、生态化作为绿色经济发展的主要内容和途径。

党的十八大以来，党中央、国务院高度重视绿色发展。党的十八大报告将生态文明建设纳入中国特色社会主义事业"五位一体"的总体布局，十八届三中全会、四中全会连续将生态文明建设提升到制度层面，十八届五中全会提出"创新、协调、绿色、开放、共享"的新发展理念，进一步凸显绿色发展的重要性。党的十九大报告更是明确提出要推动绿色发展，绿色发展理念进一步深入人心。

1.2 农业绿色发展

1.2.1 农业绿色发展定义

农业绿色发展，"农业"是主体，"发展"是核心，"绿色"是方式也是目标。因此，关于农业绿色发展的定义，围绕上述三个方面内容，从不同视角看，也衍生出不同版本。中办国办印发的《关于创新体制机制推进农业绿色发展的意见》从推进农业绿色发展重点任务的角度，将农业绿色发展定义为，"以绿水青山就是金山银山理念为指引，以资源环境承载力为基准，以推进农业供给侧结构性改革为主线，尊重农业发展规律，强化改革创新、激励约束和政府监管，转变农业发展方式，优化空间布局，节约利用资源，保护产地环境，提升生态服务功能，全力构建人与自然和谐共生的农业发展新格局"。陈健（2009）从农业发展道路视角认为，农业绿色发展是按照全面、协调、可持续发展的基本要求，以提高农业综合经济效益，实现资源节约型和环境友好型绿色农业为目标，采用先进的技术、装备和管理理念，注重资源的有效利用和合理配置，形成的一条"绿色引领、高效运行、协同发展"生态文明型现代农业发展道路。李学敏等（2020）从农业生产过程视角认为，农业绿色发展是指在农业生产过程中，兼顾农业发展的经济学、低碳性和安全性，追求生态、经济、社会等多元化目标共赢，也是一种推动新时代中国农业可持续发展的形式。

1.2.2 农业绿色发展的内涵

农业绿色发展是一项系统性工程，具有丰富的理论内涵。韩长赋（2017）认为主要包括四个方面：一是更加注重资源节约，这是农业绿色发展的基本特征；二是更加注重环境友好，这是农业绿色发展的内在属性；三是更加注重生态保障，这是农业绿色发展的根本要求；四是更加注重产品质量，这是农业绿色发展的重要目标。尹昌斌（2021）认为农业绿色发展范畴至少涉及农业布局的绿色化、农业资源利用的绿色化、农业生产手段的绿色化、农业产业链的绿色化、农产品供给的绿色化、农产品消费的绿色化六个方面。孙维琳（2019）认为农业绿色发展至少包含四个方面：一是农业绿色发展本质是一种发展理念；二是农业绿色发展是农业生产生态、生活的全过程全方位的绿色化；三是农业绿色发展以经济、社会、生态环境的可持续发展为目标；四是农业绿色发展的实现以绿色发展制度建设和机制创新为保障。

1.3 农业绿色发展的必要性

绿色发展理念是保护环境、可持续发展的理念。农业是立国之本、安民之基，也是保障国民经济持续健康发展的"压舱石"。改革开放以来，随着国家政策的调整、科技的广泛应用以及国外"高投入高产出"模式的输入，我国农业、农村发生了巨大变化，农业取得了举世瞩目的成绩；然而在巨大成绩之后也潜藏着农业资源过度开发、生态环境不堪重负、农产品质量安全等危机，农业可持续发展面临严重困境。

1.3.1 农业生态资源不足和农业生态污染问题严重

目前，我国农业生态资源供需之间矛盾呈现愈加突出态势，土壤、地下水等污染情况及环境破坏现象仍然普遍存在。我国人均耕地面积和淡水分别为世界平均水平的 1/3 和 1/4，基础地力相对较高的耕地面积不足总耕地的 1/3，农田灌溉水有效利用系数仅为 0.53。2014 年，环保部和国土部联合发布的《全国土壤污染状况调查公报》显示，全国土壤总的点位超标率为 16.1%，其中耕地土壤污染点位超标率高达 19.4%。2017 年，环保部发布的《2016 年环境状况公报》显示，我国地下水水质中"较差级"和"极差级"分别占 45.4% 和 14.7%。近几年，我国单位面积化肥和农药使用量接近世界平均水平的 4 倍和 2 倍，当季利用率不足 40%；年产畜禽粪便 38 亿吨左右，处理利用率仅 60% 左右，农膜回收率不足 70%，秸秆资源化利用不足 80%，农业生态污染问题依然严重。

1.3.2　农产品质量和竞争力不能满足市场需求

近年来，我国农产品质量安全水平不断提升，主要农产品例行监测合格率稳定在 97% 以上，但是农兽药残留超标和产地环境污染在个别地区、品种和时段仍然比较突出，农产品质量安全还存在一些隐患。同时农产品在整个种植过程，从育种、灌溉、施肥、收贮运、加工过程，缺少现代农业技术和绿色生态理念，导致农产品品质不高，无法满足消费者日益提升的对高质量农产品的需求。此外，我国农产品生产标准化、集约化、品牌化程度较低，无法面对国际市场农产品冲击，竞争力不强。

只有通过绿色发展，采用全程现代农业生产技术，破解农业发展过程中存在的种种问题，才能实现农业发展的"标准化、绿色化、规模化、品牌化"，不断提升农业产业发展水平，补齐农业现代化的短板。

1.4　农业绿色发展的重要意义

1.4.1　农业绿色发展是生态文明建设的重要内容

农业是与生态系统接触最为直接、最为广泛、最为频繁的产业部门，是生态文明建设的重要领域。从十八大报告中提出的全面落实"五位一体"总体布局到十九大报告中提出的统筹推进"五位一体"总体布局，各行各业全面部署和统筹推进生态文明建设的步伐明显加快，尤其是农业领域也在通过贯彻和落实绿色发展理念积极推进农业生态文明建设步伐。贯彻落实农业绿色发展理念，以绿色发展理念贯穿农业生产全过程，既有利于培养我国农业劳动者的绿色发展观念，更有利于促进农业生产与农业生态环境的和谐共生。

1.4.2　农业绿色发展是实现农业现代化的重要标志

农业现代化是党的十八大提出"促进工业化、信息化、城镇化、农业现代化同步发展"中的短板，需要加快推进。绿色是农业现代化的重要标志，加快建设农业现代化，就必须推进农业发展绿色化，补齐生态建设和质量安全短板，构建现代农业产业体系、生产体系、经营体系，提高农业效益和竞争力，实现资源利用高效、生态系统稳定、产地环境良好、产品质量安全。

1.4.3　农业绿色发展是农业供给侧改革的重要抓手

目前，人民对美好生活的向往已从"有没有"转向"好不好"，要加大绿色优质农产品的供给，不断满足人民对美好生活的需求。坚持质量兴农、绿色兴农，加快推进农业由增产导向转向提质导向，是深化农业供给侧改革重点所在。推进农业供给侧结构性改革，必须推动农业绿色发展，提供更多优质农产品，增加绿色和特色农产品数量，形成结构合理、保障有力的农产品有效供给。

1.4.4　农业绿色发展是实现乡村振兴的重要途径

党的十九大报告中提出的"实施乡村振兴战略"的重大决策部署，是新时代解决"三农问题"的主要抓手。乡村振兴要实现产业兴旺、生态宜居、乡风文明、治理有效、生活富裕，就必须依托农业绿色发展理念，才能真正破解制约因素，促进农业发展方式加快转变，优化农业生产结构，融合发展农村一二三产业，实现农业提质增效、农村生态宜居、农民增产增收，真正实现乡村振兴。

2. 农业绿色发展理念的形成与发展

农业绿色发展是一场综合性的变革，蕴含着发展理念、生产经营方式和资源利用方式等一系列的转变。中国传统农业中蕴含着许多绿色发展理念，但国内现代农业绿色发展理念的形成与发展时间较短，起源于20世纪80年代，叶谦吉（1982年）针对农业生产环境中存在的生态环境问题，从生态农业角度开展了理论研究，提出了生态农业是中国农业的一次绿色革命。20世纪80年代末，当时的农业部在国际可持续发展思潮的影响下，结合国内部分消费者对安全优质农产品旺盛需求的背景下提出的绿色食品，就是在农业绿色发展模式方面的一种探索和创新。

2.1 中国传统农业生产技术对农业绿色发展理念的影响

勤劳智慧的中国古代人民对朴素的农业绿色发展理念认识由来已久，几千年的精耕细作、轮作、套作、稻鸭共生、稻鱼共生、桑基鱼塘等都是农业绿色发展的成功实践。英国人艾尔伯特·霍华德于1940年出版的《农业圣典》一书，对以中国为代表的东亚国家人民在长期农业生产过程中总结的可持续的农业生产技术给予了高度评价，并作为有机农业的重要思想基础，成为现代农业绿色发展的开端。但中国传统农业由于生产效率低，无法满足人口日益增长对粮食的需求，再加上中国近代战乱不断，广大人民群众始终处于忍饥挨饿的状态，一段时期内，中国传统农业被认为是"原始农业"，这是一种片面的认识。

2.2 农业绿色发展实践的探索

2.2.1 聚焦数量发展

中华人民共和国成立到20世纪80年代初期，为解决农业发展数量不足的问题，尽快提高农产品产量，党中央先从改革经营体制出发，实施土地改革、合作社政策及家庭联产承包责任制改革，目的就是为了恢复农业经济，提高粮食产量，解决人民吃饭问题。在农业生产方式上，由于农业生产所需肥料、农药等工业生产相对滞后，还基本采用传统农业生产方式，对环境和资源破坏较小，但由于生产效率低，农业生产一直不能满足人民"吃得饱"的基本要求。

2.2.2 农业资源与农业环保相关政策法规体系逐步建立

随着改革开放的推进，国内化肥、农药相关工业快速发展，化肥和农药使用强度迅速加大，形成了农业发展的"黄金期"。农业快速发展不但解决了中国人民的温饱问题，也为城市改革开放提供了坚实的基础。但同时也带来较为严重的农业面源污染。1978—1994年，国内化肥施用量从884.0万吨增长到3317.8万吨，年均增加152.1万吨，化肥施用强度由88.9千克/公顷增加到349.3千克/公顷，远远超过发达国家施用强度的规定上限（225千克/公顷）。

农药和农用塑料薄膜使用强度变化趋势与化肥类似。与此同时，乡镇工业的快速发展带来的工业污染进一步加剧农业生态环境的恶化。为扼制农业生态环境不断恶化的趋势，党中央、国务院陆续出台相关法律和文件。1982年中央一号文件强调农业应当走对生态环境有利的发展道路；1984年国务院发布的《关于环境保护工作的决定》，提出要保护农业生态环境、积极推广生态农业，防止农业环境的污染和破坏；1989年出台的《中华人民共和国环境保护法》，首次在法律中使用了农业环境的概念，将加强农业环境的保护写入法律条文。

与此同时，农业环境污染带来的农产品质量安全问题开始显现。因此，在保障国家农产品数量安全的基础上，确保质量安全同样也成为保障国民生命健康的重大民生工程。早在1982年，湖北省就率先开展了无公害农业生产技术研究。随后，全国10多个省市相继对无公害生产技术进行推广应用。20世纪80年代末，我国城乡人民的生活水平在解决温饱问题的基础上开始向小康迈进，对农产品及加工食品的质量提出了新的要求，农业发展开始实现战略转型，向"高产、优质、高效"方向发展。同时，农业生态环境问题日益受到社会关注。在这种形势下，农业部在研究国际可持续发展农业的模式后决定启动绿色食品开发工作，并得到了国务院批复，这也被许多学者认为是国内最早提出的农业绿色发展模式的雏形。

2.3 农业绿色发展的兴起

2.3.1 质量兴农初步形成

虽然农业面源污染和工业污染对农业生产带来的危害逐渐显现，但中国农业生产方式在20世纪90年代还是延续"高投入、高产出"的发展模式，化肥、农药、塑料薄膜使用量持续增长。在此形势下，农产品质量安全问题变得愈加突出，农产品例行监测合格率2001年仅为60%，群体性农产品质量安全事件时有发生，人民群众对农产品质量安全满意度不高。

为解决人民群众反映突出的问题，尽快提升农产品质量安全水平，在前期全国开展试点基础上，1996年农业部陆续组织湖北、黑龙江、山东、河北、云南等省开展了无公害农产品生产技术研究与基地示范等工作。随着无公害农产品生产技术在农业生产上的广泛应用和影响力的不断扩大，经国务院批准，农业部于 2001 年在全国实施"无公害食品行动计划"。按照"无公害食品行动计划"的总体部署和要求，各地本着"探索路子，开展试点"的原则，在无公害农产品基地建设和产品认证方面做了一些积极有益而富有成效的尝试。为统一管理，规范行为，农业部、国家质检总局、国家认证认可监督管理委员会（以下简称国家认监委）先后颁布了《无公害农产品管理办法》《无公害农产品标志管理办法》《无公害农产品产地认证程序》及《无公害农产品认证程序》等无公害农产品工作管理规章制度，并于 2003 年成立农业部农产品质量安全中心，开展全国无公害农产品统一认证工作。

同一阶段，为加快绿色食品发展，农业部于 1992 年组建成立中国绿色食品发展中心，负责开展全国绿色食品开发和管理工作。1993 年，农业部颁布《绿色食品标志管理办法》（1993 农〈绿〉字第 1 号），为绿色食品快速发展奠定了基础。随后，农业部陆续以行业标准形式发布了一系列绿色食品准则类和产品类标准，绿色食品进入规范化发展阶段。绿色食品以质量证明商标授权管理的形式，对农业生产从产地环境、生产过程、投入品使用、收储运、加工和质量控制进行全过程控制，成为农产品精品形象代表。2000 年，为进一步加快绿色食品发展，农业部下发了《农业部关于加快绿色食品发展的意见》。

2.3.2 以质量标志农产品（无公害农产品、绿色食品、有机农产品）为代表的农业绿色发展模式不断丰富

2002 年，中国提出农业发展目标转变为高产、优质、高效、生态、安全，农业政策在保障农业经济效益的基础上，强调农业安全性发展，对农产品质量安全的重视进一步加强。在此阶段，绿色食品快速发展，无公害农产品规模迅速扩大，有机农产品认证在 2003 年由国家认监委统一管理后也进入了规范化发展阶段。为更好推进农业可持续发展，提高农产品质量安全水平，促进农业增效和农民增收，农业部于 2005 年印发《关于发展无公害农产品绿色食品有机农产品的意见》，意见指出："坚持'三位一体、整体推进'的发展思路，加快发展进程，树立品牌形象。大力发展无公害农产品，加快发展绿色食品，因地制宜发展有机农产品。"在发展方向上，无公害农产品作为市场准入的基本条件，坚持政府推动为主导，加快产地认定和强化产品认证向强制性要求转变，全面实现农产品的无公害生产和安全消费；绿色食品作为安全优质精品品

牌，坚持证明商标与质量认证管理并举、政府推动与市场引导并行，以满足高层次需求为目标，带动农产品市场竞争力全面提升；有机农产品是扩大农产品出口的有效手段，坚持以国际市场需求为导向，按照国际通行做法，逐步从产品认证向基地认证为主体的全程管理转变，立足国情，发挥农业资源优势和特色，因地制宜地发展有机农产品。

2.3.3　法律法规为农业绿色发展提供了坚实保障

2006 年出台的《中华人民共和国农产品质量安全法》对农产品安全标准、产地、生产过程、包装和标识、监督等做出了明确规定；2009 年出台的《中华人民共和国食品安全法》规定了食用农产品质量安全标准须纳入食品安全国家标准。这两部法律对农产品、食品生产过程相关要求上升到法律层面。随后，相关部门陆续出台两个法律的配套规章制度，这也为农业绿色发展提供了坚实的法律保障。

3. 农业绿色发展理念的提出与明确

党的十八大以后，生态文明建设被纳入中国特色社会主义事业"五位一体"的总体布局，十八届三中全会、四中全会连续将生态文明建设提高到制度层面。十八届五中全会通过的《中共中央关于制定国民经济和社会发展第十三个五年规划的建议》提出"创新、协调、绿色、开放、共享"的新发展理念，这是第一次提出农业绿色发展理念。2015 年 5 月，原农业部、国家发展和改革委员会、科学技术部等 8 个部门联合印发了《全国农业可持续发展规划（2015—2030 年）》，提出大力推进农业可持续发展和绿色发展。2016 年中央一号文件《中共中央国务院关于落实发展新理念加快农业农村现代化实现全面小康目标的若干意见》中明确指出"加强资源保护和生态修复，推动农业绿色发展"。随后农业绿色发展连续 5 年成为中央一号文件的重要内容。2016 年10 月国务院印发了《全国农业现代化规划（2016—2020）》，提出绿色兴农的理念，即"补齐生态建设和质量安全短板，实现资源利用高效、生态系统稳定、产地环境良好、产品质量安全"。2017 年中办、国办印发的《关于创新体制机制推进农业绿色发展的意见》，是党中央出台的第一个以农业绿色发展为主题的意见。党的十九大报告更是将农业绿色发展上升为国家战略，明确农业绿色发展对保障国家食物安全、资源安全和生态安全的作用。

4. 农业绿色发展取得的成效

党的十八大至今，农业绿色发展越来越得到重视，支持力度不断加大，政策体系不断完善。一是农业绿色发展的创新驱动与约束机制不断完善，包括农业绿色发展技术体系逐步建设以及完善农业绿色补贴的相关政策文件陆续发布；二是资源保护和生态修复的措施持续实施，包括建立实地养护制度和耕地轮作休耕制度；三是绿色农业发展取得重大成效，成为农业绿色发展重要支撑。

4.1 建立了以绿色生态为导向的农业补贴制度

2016 年，财政部与农业部发布《关于全面推开农业"三项补贴"改革工作的通知》，提出将良种补贴、种粮农民直接补贴和农资综合补贴合并为农业支持保护补贴，并将耕地质量保护纳入补贴的主要政策目标。同年 5 月，国务院发布《土壤污染防治行动计划》，对全面改善土壤环境和实现生态环境良性循环作出具体行动计划并明确责任主体。2016 年 12 月，财政部和农业部发布《建议以绿色生态为导向的农业补贴制度改革方案》，正式提出到 2020 年建成以绿色生态为导向，促进农业资源合理利用与生态环境保护的农业补贴政策体系和激励约束机制的目标。由农业农村部等 8 部委印发实施的《"十四五"全国农业绿色发展规划》提出：到 2035 年，农业绿色发展取得显著成效，农村生态环境根本好转，绿色生产生活方式广泛形成，农业生产与资源环境承载力基本匹配，生产生活生态相协调的农业发展格局基本建立，美丽宜人、业兴人和的社会主义新乡村基本建成。

4.2 加强了财政资金在农业污染防治和推动生态农业建设的投入

2017 年 4 月，《农业资源及生态保护补助资金管理办法（修订）》颁布，对耕地质量提升、草原生态修复、渔业资源保护等补助资金的管理做出了具体规定。2018 年 1 月，农业部发布《农业生态环境保护项目资金管理办法》，加强农业环境保护项目资金管理，严格规定必须将其用于农业污染防治和生态农业建设等农业生态环境保护有关工作。2019 年，农业农村部办公厅联合生态环境部办公厅发布《关于进一步做好受污染耕地安全利用工作的通知》，要求加快建立省级污染防治基金，保障耕地污染治理修复的资金投入。

4.3　加强农业绿色发展的科技支撑，健全绿色标准体系

2018 年 7 月，农业农村部印发《农业绿色发展技术导则（2018—2030）》，提出农业绿色发展技术体系的改革方向为更加注重质量和数量双重效益，更加注重生产和生态双重功能，更加注重全要素生产率的提高。同时，将研究制定绿色农业技术标准作为完善绿色标准体系的重要任务。为贯彻落实党中央国务院的决策部署，推动农业绿色发展，农业部实施了农业绿色发展五大行动，包括畜禽粪污资源化利用行动、果菜茶有机肥替代化肥行动、东北地区秸秆处理行动、农膜回收行动和长江为重点的水生生物保护行动，并印发《2017 年农业面源污染防治攻坚战重点工作安排》，提出要按照"重点突破、综合治理、循环利用、绿色发展"的要求，探索农业面源污染治理有效支撑政策，要努力把面源污染加重的趋势降下来。

4.4　完善生态修复制度和资源节约利用措施

以 2016 年农业部等十部委发布《探索实行耕地轮作休耕制度试点方案》为起点，将相关工作纳入财政重点强农惠农政策，到 2019 年中央财政计划支持的轮作休耕面积达到 3000 万亩。2016 年，国务院印发了《湿地保护修复制度方案》，进一步加快建立系统完整的湿地保护修复制度。

4.5　绿色优质农产品供给不断增加

从农业产业发展看，此阶段以无公害农产品、绿色食品、有机农产品和地理标志农产品为代表的"三品一标"快速发展，产生了巨大的经济效益、社会效应和生态效益。2012 年，《绿色食品标志管理办法》（中华人民共和国农业部令 2012 年第 6 号）修订发布，关于产品安全性方面支持政策逐步建立，形

成了科学、严格、系统的农产品质量监督管理体系。2016 年，农业部印发了《关于推进"三品一标"持续健康发展的意见》，提出"无公害农产品立足安全管控，在强化产地认定的基础上，充分发挥产地准出功能；绿色食品突出安全优质和全产业链优势，引领优质优价；有机农产品彰显生态安全特点，满足公众追求生态、环保的消费需求；地理标志农产品突出地域特色和品质特性，带动优势地域特色农产品区域品牌创立"。

"三品一标"的快速发展，不但是农业绿色生产理念和模式不断深入和扩大的结果，也为人民群众提供了更多安全优质的农产品。在"三品一标"发展的最高峰时，企业总数超过 5 万家，产品超过 12 万种，种植面积达到全国耕地面积的 20% 以上。

第二节　国内外农业绿色发展模式

虽然国内外对农业绿色发展的基本理念和要求都非常相似，但其发展形式和途径并不相同，本节简单介绍一下目前国内外农业绿色发展的主要模式。

1. 国外农业绿色发展的主要模式

工业革命以来，科学技术进步使人与自然的关系发生了很大变化，开始忽视自然规律的存在，"人定胜天"的世界观占据了统治地位。尤其是第二次世界大战以后，干预自然、改造自然的能力比之前加起来的总和还要多和大，人与自然的矛盾不断尖锐，人类对自然的掠夺利用最终受到了自然的惩罚。在遭受无数次生态灾难的教训之后，人类开始反思，意识到人与自然的关系必须重新调整。可持续发展受到全球性关注，努力解决经济发展与生态环境失调的矛盾成为各国寻求的目标。1972 年，在瑞典斯德哥尔摩召开的联合国人类环境会议上，发表了《联合国人类环境宣言》(*United Nations Declaration of the Human Environment*)，并成立了有机农业运动国际联盟（IFOAM），保护生态环境的呼声自此越来越高。以欧美等发达国家为首的许多国家相继开始寻求新的农业生产体系，以取代高能耗、高投入的"石油农业"。于是，在西方兴起了一场"替代农业"的热潮，并逐步向东方国家和地区过渡。替代农业的模式有多种，代表性的有"有机农业""自然农业""生物农业""生态农业"等。尽管国外替代农业的思想和叫法不尽一致，但基本特征是相同的，在哲理上提倡返璞归真，与自然和谐一致，尽可能减少人类对自然的干预；在技术上强调传统农业技术，提倡堆肥、轮作、豆科作物、生物防治等措施，排斥人工合成的化学品和生物工程技术。简单地说就是针对"石油农业"带来的能源、资源、环境等各种负面效益，充分挖掘农业生态系统内部的自身循环和发展的潜力，推动农业与资源环境相匹配，与生态环境相适应，实现可持续发展。

1991 年，联合国粮农组织在荷兰召开了世界农业环境大会，会后发表了《可持续农业和农村发展的丹波宣言和行动纲领》，这成为世界各国农业有系统地转向可持续发展的契机和转折点。1992 年，欧盟开始实施"多功能农业"，修订了"共同农业政策"。1992 年，日本开始推行"环境保全型农业"并颁布了《食物、农业、农村基本法》以及相应的农业法规和经济激励措施。1998年，韩国开始实施农业"环境友好型农业"。1999 年，美国开始在推行基于资源与环境的"农业最佳管理措施"。2016 年，FAO 在中国云南省主持召开了国际生态农业研讨会，农业的生态转型成为世界潮流。

1.1 有机农业

1.1.1 有机农业的定义

有机农业有很多定义，简短而明确的表达并不容易。通常人们将不使用农药、化肥等物质或方法的农业定义为有机农业，但这只是有机农业的必要条件，并不能体现有机农业的实际内涵和精华，而且会给初次接触有机农业的人带来一些误解。由于有机农业的产生和发展是基于不同国家的政治、经济和文化背景，是经过几代人、很多机构的共同努力成就的，因此，在阐述有机农业概念时其侧重点各不相同，但基本原理和实质内容是相近的。它们都注重与"自然秩序相和谐"和"天人合一"的哲学理念，强调适应自然、不干预自然；在目标上，它们都是追求生态上的协调性、资源利用上的有效性和营养上的充分性的一种农业方式。有机农业倡导者认为，土壤是一个有生命活动的系统，土壤养分平衡及性状改良是促进农业持久发展的根本所在；在做法上强调农牧结合，通过轮作、堆肥等措施保持土壤养分平衡，用生物防治方法控制病虫害；通过土壤耕作调节其结构性能。这种思想与我国数千年来所秉持的传统农业思想接近，可以说是东方农业经验与技术的积累。

（1）国际有机农业联盟（IFOAM）

IFOAM 对有机农业的定义为：有机农业包括所有能促进环境、社会和经济良性发展的农业生产系统。这些系统将当地土壤肥力作为成功生产的关键，通过尊重植物、动物和景观的自然能力，使农业和环境各方面质量都达到最完善的目标。有机农业通过禁止使用化学合成的肥料、农药和药品而极大地减少外部物质投入，强调利用强有力的自然规律来增加农业生态系统的抗病能力。有机农业坚持世界普遍可接受的原则，并根据当地的社会经济、地理气候和文化背景具体实施。从这个定义可以看出有机农业的目的是达到环境、社会和经济三大效益的协调发展。有机农业非常注重当地土壤的质量；非常注重系统内营养物质的循环；非常注重遵循自然规律，并强调因地制宜的原则。

（2）联合国粮农组织（FAO）和世界卫生组织（WHO）的国际食品法典委员会（CAC）

给有机农业的定义是：它是一个依靠生态系统管理而不是依靠外来农业投入的系统。这个系统通过取消使用化学合成物，如合成肥料、农药、兽药、转基因品种和种子、防腐剂、添加剂和辐射，取而代之是使用长期保持和提高土壤肥力，防止病虫害的管理方法，杜绝对环境和社会的潜在不利影响。有机农业是整体生产管理体系，以促进和加强农业生态系统的保护为出发点，重视利用管理方法，而不是外部物质投入，并考虑当地具体条件，尽可能地使用农艺、生物和物理方法，而不是化学合成材料。从这个定义可以看出，有机农业更强调对生态环境的保护，其目的是达到环境、社会和经济三大效益的协调发展。

（3）欧盟委员会的有机农业条例（EC2092/91）

对有机农业的定义是：一种通过使用有机肥料和适当的耕作和养殖措施，以达到提高土壤的长效肥力的系统。可以使用有限的矿物质，但不允许使用化学肥料，通过自然的方法而不是通过化学物质控制杂草和病虫害。

（4）美国农业部有机农业标准委员会（National Organic Standards Board，NOSB）

NOSB 在其颁布的"有机农业法案"（National Organic Program，NOP）中对有机农业的定义是：有机农业是一个能促进生物多样性、改善生态循环和提高土壤生物活性的生态化生产管理系统，是基于最低限度投放非农业物质和能恢复、维持与提升生态和谐的管理。有机农业是完全不用或基本不用人工合成的肥料、农药、生长调节剂、畜禽饲料添加剂的生产体系。在这个体系中，在最大的、可行的范围内尽可能采用作物轮作、作物秸秆、畜禽粪便、豆科植物、绿肥和生物防治病虫害的方法保持土壤生产力和可耕性，供给作物营养并防治病虫害和杂草的农业生产方法。

1.1.2 国际有机农业发展历程

国际有机农业发展历程大致可以分为三个阶段。

（1）有机农业理念的形成阶段

国际有机农业始于 20 世纪初。1909 年，当时的美国农业部土地管理局局长富兰克林·哈瑞姆·金（F.H.King）途经日本到中国，他在研究了中国农业数千年长盛不衰的经验后，于 1911 年写成了《四千年农民》（在 2013 年出版了新的中文译本）。书中指出，中国传统农业长盛不衰的秘密在于中国农民勤劳、智慧、节俭，善于利用时间和空间提高土壤利用率，并以人畜粪便、塘泥等还田。该书对英国植物病理学家霍华德（Albert Howard）的影响很大，他在其基础上，于 20 世纪 30 年代初在《农业圣典》一书中提出了农业的关键是土壤问题。霍华德还提出了"土壤、动物、人、植物的健康是合一的，无法分离"的朴素的有机农业思想。后由英格兰伊芙·巴尔佛夫人（Lady Eve Balfour）和英国土壤协会（Soil Association）进行试验和推广。《农业圣典》已成为当今指导国际有机农业运动的经典著作之一。英国土壤协会于 1967 年制定了世界上第一个民间有机标准，并开始进行有机认证，可以说是世界上第一个有机认证机构，目前它为英国有机农场提供检查认证和咨询服务。

受霍华德思想的影响，美国的罗代尔（J. I. Rodale）于 1940 年买下了宾州的一个面积 63 英亩的农场，开始了有机园艺的研究，并于 1942 年创办了世界上第一家有机农场，其标志是"3H"（健康的土地、健康的食品、健康的生活）。1943年，罗代尔出版《有机园艺》，可以说他是美国最早的有机农业实践家。1974年，罗代尔农场在过去研究的基础上成立了著名的罗代尔有机农业研究所，一直从事有机农业的研究和推广工作。

20世纪60年代，美国海洋生物学家蕾切尔·卡逊（Rechol Carson）出版了《寂静的春天》（Silent Spring），书中控诉了化学农药造成的严重危害，在国际社会引起了强烈的反响。在《寂静的春天》里，蕾切尔·卡逊提出了土壤生命共同体这个概念："土壤生命共同体包含一个相互交织的生命网络，每一种生命以某种形式彼此之间相互联系。生命依赖土壤，土壤是大地的关键组成部分，前提条件是，土壤生命共同体内部是繁荣兴旺的。"这本彪炳史册的著作为世界的环境保护事业带来了启迪和推动，在它的影响下，逐渐形成了一个共识，就是强调生命共同体的概念。

有机农业先驱者们从农业生产方式、食品以及人类健康、地球健康等不同的专业背景探索提出各种不同于常规农业（或称替代农业）的观点并参与实践，奠定了有机农业哲学思想、概念、理论和实践的基础。

（2）有机农业规范立法和组织发展阶段

1972年全球性的非政府组织——国际有机农业联盟（IFOAM）成立，它的成立是有机农业运动发展的里程碑。IFOAM的成立推动了以生态保护和安全农产品生产为主要目标的有机农业、生态农业在欧、美、日及部分发展中国家的快速发展。到20世纪80年代，一些发达国家的政府才开始重视有机农业，并鼓励农民从常规农业生产向有机农业转换，这时有机农业的概念才开始被广泛地传播和接受。同时，国际组织（包括政府间国际组织和非政府国际组织）、各国政府纷纷发布有机农业法律、法规和标准，共同推动有机农业的发展。

1990年，美国联邦政府颁布了"有机农业生产法"，2000年底发布了最终标准"有机农业法案"（National Organic Program，NOP），并于2002年10月正式生效。1991年欧盟委员会颁布有机农业条例（NO.2092/91），1993年成为欧盟法律，在欧盟国家统一实施，主要包括植物生产和加工的标准，以及第三国（非欧盟国家）出口欧盟有机产品的政策与标准。1992年，日本制定了《有机农产品蔬菜、水果生产标准》和《有机农产品生产管理要点》，2000年4月推出了有机农业标准（Japanese Agriculture Standard，JAS），该标准于2001

年4月正式实施。1999年，国际食品法典委员会（CAC）颁布了《有机食品的生产、加工、标签和销售导则》（CAC/GLG32—1999），2001年又通过了该导则的"畜牧与畜牧产品"部分。截至2016年，全球已有87个国家或地区制定有机标准和法规，另外有18个国家已在起草相关法案。尽管存在如此众多的不同的有机标准，但这些标准基本都遵循相同的原则制定，它们之间的差异比较小。

发达国家作为世界上主要的有机产品消费地，由于自身生产量的限制，消费的有机产品在很大程度上依赖进口，因此导致各种认证形式、认证标志的相继出现。由于进口国的不同要求及出口国本身认证能力的差异，产生了不同的认证途径，主要包括进口国直接认证、合作认证和出口国当地认证等，同时各国有机产品的认证标志也纷纷出台。

同时，世界范围的有机食品贸易迅速发展，1990年，在德国成立了世界上最大的有机食品展览和贸易机构——有机食品博览会（Biofach Fair）。该机构分别于2003年、2007年和2009年进入拉美、中国和印度，促进了发展中国家有机市场和贸易的增长和有机农业的发展。

（3）有机农业全面发展的阶段

进入21世纪后，有机农业进入全球化发展的阶段。近年来，随着全球经济一体化的加速发展，全球范围内环境保护和可持续发展意识的不断觉醒，消费市场对有机产品的需求与日俱增。在发达国家有机产业先进技术和规范市场的引领下，发展中国家在资金及政策上都对有机产业给予了大力支持，国际有机产业充分展示了它的良好前景。

国际有机农业联盟在2014年初的德国纽伦堡国际有机食品博览会上（BioFach）提出了"有机3.0时代"的概念，包括其定义、原则、标准和最佳实践指南和意见书。认为在这个时代要重点解决资源、影响力和透明度3个环节的问题。就资源而言，有机生产者在土地、水源、空气、劳动力和技术等软硬件方面仍需进一步改善。就影响力而言，要引导有机生产者、消费者以及相关团体深层次掌握有机农业的核心思想，促进贯彻有机农业"健康、生态、公平、关爱"四大原则，实现人类与自然、传统与科技的和谐结合，从而最大限度发挥有机农业在环境、社会和文化方面的积极作用，实现农业可持续发展。就透明度而言，要加强有机产业各环节的透明度，包括生产、认证、产品信息、价格体系等环节，提倡多样化的诚信体系，支持和推动透明度较高的参与式保障体系（PGS）和社区支持农业（CSA）等各种形式的有机农业发展。因此，此阶段致力于维护全球生态环境的可持续性，促进人与人以及人与自然之间的和谐，逐步实现有机农业的主流化。由于有机农业对健康和环境的积极意义，有机农业已经获得了全球范围的普遍认可。特别是欧洲，为确保有机农业持续稳定发展，欧洲各国政府及私营机构紧密合作，稳步推进欧洲有机农业行动计划和其他相关政策。

1.1.3　国际有机农业发展现状

（1）法律法规及标准制定现状

截至 2020 年底，全球有 190 个国家（地区）具有有机认证数据，109 个国家（地区）已有或正在起草有机法规，其中有 76 个国家全面实施了有机法规，20 个国家的法规没有得到全面实施，13 个国家正在起草。按照大洲计，欧洲、亚洲、拉丁美洲和加勒比海地区分居前三位，分别为 46 个、26 个和 21 个。

（2）生产开展现状

2020 年，全球有机农地面积达 7490 万公顷，约占全球农地面积比例的 1.6%，其中大洋洲、欧洲、拉丁美洲、亚洲、北美洲和非洲分别为 3590 万公顷、1710 万公顷、990 万公顷、610 万公顷、370 万公顷和 220 万公顷。有机农地面积排名前三的国家分别为澳大利亚、阿根廷和乌拉圭，分别为 3590 万公顷、450 万公顷和 270 万公顷。有机农地占农地份额位居前三名的国家分别为列支敦士登、奥地利和爱沙尼亚，分别为 41.6%、26.5% 和 22.4%。

（3）市场及消费现状

2020 年，全球有机生产规模为 1206 亿欧元，人均消费为 15.8 欧元。其中有机消费位居全球前三名的国家为美国、德国和法国，分别为 495 亿欧元、150 亿欧元和 127 亿欧元。人均消费有机产品位居全球前三名的国家分别为瑞士、丹麦和卢森堡，分别为 418 欧元、384 欧元和 285 欧元。

1.2　自然农业

1.2.1　自然农业的起源及内容

自然农业是 1935 年由日本自然学家和哲学家冈田茂吉以尊重自然、顺应自然为宗旨首创的。他主张农业生产应该顺应自然，尽可能减少对自然的人为干预。他亲自在农场实践自然农业 30 多年，所著的《自然农业》(*Natural Farming*) 一书畅销世界。自然农业思想受到中国道教无为思想影响，即顺应自然，而不是征服自然，要最大限度地利用自然作用和过程使农业生产持续发展。

自然农业的主要内容如下：

1）不翻耕土地：依靠植物根系、土壤动物和微生物的活动对土壤进行自然疏松，不进行人为作业。

2）不施用化肥：靠作物秸秆、种植绿肥及有机粪肥的还田来提高土壤的肥力。

3）不进行除草：通过秸秆覆盖和作物生长抑制杂草，或间隔淹水控制杂草生长。

4）不用化学农药：靠自然平衡机制，如旺盛的作物或天敌有效地控制病虫害。

1.2.2　自然农业的发展情况

目前在日本有近万户农民从事自然农业的生产。从全球发展来看，1989年第一次在泰国举办了救世自然农法国际会议，之后每两年一次。2002 年 1 月在新西兰举办了第 7 次国际会议，32 个国家代表参加了会议，在世界上产生广泛的影响。2007 年、2008 年分别在中国的青岛和日照举办有机农业与自然农法国际论坛。日本自然农法国际研究开发中心在我国北京设有秘书处，在吉林、天津、黑龙江、河北、山东、陕西、湖南等全国 15 个省市进行示范、推广工作。

1.3　生物动力农业

1.3.1　生物动力农业的起源

生物动力农业最早由德国发起，荷兰早在 20 世纪 20 年代进行了生物动力农业的生产尝试，法国在第二次世界大战后接触生物动力农业的概念，1950年后逐步发展到西欧和北欧国家，美国从 20 世纪 80 年代起就开始发展生物动力农业，日本凭借其先进的生物技术优势努力发展自己的生物动力农业。

1.3.2　生物动力农业的定义及发展目标

（1）定义

关于生物动力农业的定义有多种，一种认为生物动力农业就是利用自然条件，采用多种农作物轮作肥田、天然杀虫、生物多样化等科学方法种植农作物，在不使用化肥、除草剂和杀虫剂的条件下，建立农业开发管理体系，生产出接近天然植物的农产品。另外一种认为生物动力农业是根据生物学原理建立的农业生产体系，靠各种生物学过程维持土壤肥力，使作物营养得到满足，并建立起有效的生物防治病虫草害体系。

（2）理念

生物动力农业的核心原理在于促进农田土壤的生物学肥力，使作物从土壤的营养平衡过程中获得所需要的全部营养。生物动力农业强调农业操作中生物、技术、经济和社会诸方面的协调。利用生物工程技术修复被工业废弃物污染的土壤，扩大农业的种植面积，提高土地的有效利用和经济价值。

（3）目的和目标

生物动力农业的主要目的是在传统农业方法的基础上，结合生物学及生态学的新理论与技术，不需要投入较多的化学药品和商品就能达到一定的生产水平，从而有利于资源与环境的保护及农业生产的正常发展。

生物动力农业的发展目标是生产不含任何化学残留、高质量的农业产品，禁止使用化学产品，尊重自然环境，应用先进的耕作技术，不断增加和保持土壤的肥力。

1.3.3　生物动力农业的技术内容

1）将腐烂的有机物作为土壤改良剂。

2）通过豆科作物自身固氮及粪肥的合理使用调控农田养分平衡。

3）废弃物的循环再利用。

4）充分发挥各种生物作用，包括土壤中生物（如蚯蚓）的改土作用。

1.3.4　生物动力农业的发展情况

生物动力农业可以说是科学家运用生物学理论及技术设计的一种依靠农业生态系统自身过程维持的农业生产体系，在欧美一些国家和地区已有实践，但规模并不大。德米特（Demeter）是生物动力农业（Biodynamic Agriculture）

的产品品牌，1928年以希腊掌管农业和丰收的女神"Demeter"的名字命名。1928年，形成的德米特第一套生产标准是国际有机农业运动最早的生产质量体系标准。

德米特国际是唯一在世界范围内建立起独立认证组织网络的生态协会。1997年，德米特国际联盟（Demeter International）成立，旨在促进法律、经济和精神领域内更密切的合作。2020年，德米特国际组织与国际生物动力协会共同组成了"生物动力-德米特国际联盟"，全世界有62个国家的6396个农场根据德米特的原则种植了208327公顷土地。875家认证加工公司将产品进一步加工成高质量的产品，502名认证贸易商将产品提供给消费者。（来自德米特国际）

1.4 日本特别栽培农产品（减化肥减农药）生产方式

1.4.1 起源与发展

1988年，冈山县制定了独自的农产品认证制度，为了防止"无农药""无化肥"等造成优良误认（"无农药""无化肥"能使消费者误认为不使用任何农药和化肥）的表示，1992年，日本农林水产省制定了"特别栽培农产品的表示方针"。1999年，日本对JAS法进行了修改，创建了"有机食品的检查认证制度"。由于有机农产品的条件非常严格，生产者和消费者呼吁对减农药、减化肥的农产品进行认证，为此2001年农林水产省修改了"特别栽培农产品的表示方针"，凡是按照此"表示方针"生产的，将化学合成农药的使用次数和化肥中的氮素成分的使用量比当地常规产品减少5成以上的农产品称作特别栽培农产品，比如特别栽培大米等。特别栽培农产品没有统一的标志，但各个县都有自己的特别栽培农产品标志。2007年，对"特别栽培农产品的表示方针"进行了再次修订，表示方法改为"种植期间不使用"农药和化肥，或"比当地××减少×成"。禁止了"无农药""无化肥""减农药""减化肥"的表示。

1.4.2 发展情况

截至2001年，几乎所有的都道府县都创立了此认证制度。目前，日本实施特别栽培农产品的农场（户）达44000家，涉及面积12万公顷。

1.5 韩国亲环境农产品认证制度

1.5.1 定义

亲环境农产品是不使用合成农药、化肥及抗生素、抗菌剂等或尽量减少使用，通过农业、畜牧业、林业副产品的再利用等，维持和保护农业生态和环境的同时所生产的农产品（包括畜产品）。

1.5.2 亲环境农产品认证的起源

韩国于 1997 年 12 月 13 日制定《环境农业培育法》，引入环境农产品标志申报制度。

2001 年 1 月 26 日，将《环境农业培育法》更名为《亲环境农业培育法》，其中废除环境农产品标志申报制度，引入亲环境农产品义务认证制度（2001年 7 月 1 日实施）。亲环境农产品认证种类包括：有机农产品、有机畜产品，转换期有机农产品、转换期有机畜产品，无农药农产品，低农药农产品。

2007 年，再次修订《亲环境农业培育法》，其中废除农林畜产品认证制度，新设立无抗生剂畜产品。至此，亲环境农畜产品认证种类包括：有机农产品、有机畜产品，无农药农产品，无抗生剂畜产品，低农药农产品（见表 1-1）。

表 1-1　2007 年的亲环境农畜产品认证标准

种类	标准
有机农产品	·完全不使用有机合成农药和化肥来种植 –获得有机农产品认证的转换期：多年生作物在最初收获前 3 年，其他作物在最初收获前 2 年
有机畜产品	·发放符合有机畜产品认证标准的种植、生产的有机饲料，并且遵守认证标准所生产的畜产品
无农药农产品	·完全不使用有机合成农药，化肥使用量控制在建议施肥量的 1/3 以内
无抗生剂畜产品	·用不含抗生素、抗菌剂等的一般饲料饲养并遵守认证标准生产的畜产品
低农药农产品 （2010 年认证废除）	·化肥使用量控制在建议施肥量的 1/2 以下，喷洒农药的次数控制在"农药安全使用标准"的 1/2 以下 ·使用期适用安全使用标准期的 2 倍 ·不使用除草剂，残留农药低于食品医药品安全厅公告的"农产品农药残留许可标准"的 1/2 以下

2010年1月1日起取消低农药农产品新认证，已获得低农药农产品认证的，延长有效期后完全废除（2015年12月31日）

2012年6月1日将《亲环境农业培育法》修订为《有关亲环境农渔业培育及有机食品等管理支持法》，引入有机加工食品，非食用有机加工品认证制度。

2016年12月2日引入亲环境农产品认证机构评价等级制（见表1-2、表1-3）。

2019年8月27日引入无农药原料加工食品认证制度，其中无抗生素畜产品认证制度管理移交至《畜产法》（2020年8月28日实施）。目前亲环境农产品认证制度主要包括:《有关亲环境农渔业培育及有机食品等管理支持法》进行管理和《畜产法》进行管理。

表1-2　亲环境农畜产品认证

分类	认证分类	定义	认证标志
农畜产品	有机农产品	·完全不使用有机合成农药和化肥来种植 –获得有机农产品认证的转换期：多年生作物在最初收获前3年，其他作物在最初收获前2年	유기 (ORGANIC) 농림축산식품부
	有机畜产品	·发放符合有机畜产品认证标准的种植、生产的有机饲料，并且遵守认证标准所生产的畜产品	
	无农药农产品	·完全不使用有机合成农药，化肥使用量控制在建议施肥量的1/3以下	무농약 (NON PESTICIDE) 농림축산식품부
加工食品	有机加工食品	·以有机农产品或有机畜产品为原料，经过维持有机纯粹性的加工过程所生产的食品	유기가공식품 (ORGANIC) 농림축산식품부

续表

分类	认证分类	定义	认证标志
加工食品	无农药原料加工食品	· 以无农药农产品为原料或材料，或者将有机食品和无农药农产品混合后制造、加工、流通的食品	无农药原料加工食品（NON PESTICIDE FOODS）농림축산식품부
饲料	非食用有机加工品（饲养用及宠物用饲料）	· 以有机食品、有机加工食品和许可的甜味饲料、辅助饲料为原料，经过维持有机纯性的加工过程等所生产的饲料	유기（ORGANIC）농림축산식품부

表 1-3　亲环境畜产品认证

分类	认证分类	定义	认证标志
畜产品	无抗生剂畜产品	· 以不含抗生素、抗菌剂等的一般饲料饲养并遵守认证标准生产的畜产品	무항생제（NON ANTIBIOTIC）농림축산식품부

1.6　参与式保障体系

1.6.1　参与式保障体系的定义与起源

参与式保障体系（Participatory Guarantee Systems，PGS）是一种为所在地生产者和消费者提供质量保证的体系，该体系在所有相关方都积极参与的前提下对生产者实施验证，并以此建立起一种彼此信任、互相沟通和认知交流的基础关系。

由于第三方认证书面工作的复杂性、文案工作的烦琐性以及每年的费用成本，不能适应小生产者和本地市场渠道的需要，特别是生态小农，他们一般文化水平和精力有限，大量的时间用于农业劳作，无法应对第三方认证的要求，因此，基于建立生产和消费信任关系的参与式保障体系应运而生。

1.6.2　参与式保障体系的主要形式

（1）社区支持农业（CSA）

社区支持农业就是把居住在相近社区的消费者和生产者直接联系起来，各取所需，彼此承诺和共担风险。社区支持农业有两种方式：一种是种植季节之初，农民去联系当地的消费者，在蔬菜水果收获时，农民将份额送到指定的地点；另一种是消费者组成一个集体去联系相应的农场。

社区支持农业（CSA）模式比较适合城市的郊区农场，依托城市的消费人群，通过口碑传播，建立一个足以支持运转的消费者会员。

（2）农夫集市

许多农户规模太小，不适合、甚至也不可能得到有机认证，通过参与农夫市集的形式销售生产产品，通过参与式保障体系机制对所有新参加的农户和农场进行考察，并且进行持续性的跟踪拜访来保证产品的稳定可靠。

参加市集的农户需要符合以下标准：

1）认同有机理念，耕种过程不使用农药和化肥，养殖密度合理，散养为主，不喂含抗生素和激素的饲料；

2）独立中小规模农户；

3）公开透明，愿意和消费者沟通其生产方式和方法（包括种子、肥料、饲料来源，防病防虫的方法，动物的生活空间和密度，是否使用大棚等信息），帮助消费者获取信息，保护消费者权益；

4）规模合理，可持续发展和经营；

5）具有合作精神，愿意和其他农户和消费者共同解决问题。

有机农夫市集上的产品还应具备：

1）农产品真正可追溯：大部分农产品由生产者直接销售，或者由与生产者直接合作的代理机构销售，中间不超过一个环节；

2）本地生产、本地销售：除非本地不生产同类同质的产品，市集不销售长途运输、甚至进口产品；

3）生产和消费直接对接，强调贸易公平，双方经济利益最大化；

4）加工食品标识所有原料，不使用非必需的化学添加剂；

5）包装简单、环保，从源头减少垃圾。

2. 国内农业绿色发展的主要模式

2.1 中国传统农业生产技术对农业绿色发展模式的影响

2.1.1 对国内农业绿色发展的影响

中华民族五千年文明史，也是一部农业文明史。中国传统农业历来注重精耕细作，大量施用有机肥，兴修农田水利，实行轮作、复种，种植豆科作物和绿肥以及农牧结合等。中国几千年能够维持地力不衰，而且土地越种越肥，与用地养地相结合的农业生态技术和长期保持作物的多样性种植有直接关系。地力的维持和土地的培肥离不开肥料，传统农业所施用的肥料一般是农家肥或天然有机肥，其中包括人畜粪尿、厩肥、作物秸秆、绿肥、饼粕、草木灰、河泥、骨粉等，种类繁多不一而足。传统农业通过包括草本和木本的杂植，甚至植物和动物之间的组合，人为地组成一种"多物种"的生态系统，使光热、水土以及农副产品等自然资源都得到充分利用。这不仅提高了土地利用率，保持了地力常新，还在应对自然灾害、调节劳动力使用方面发挥了重要作用。桑基鱼塘、稻田养鱼、稻田养鸭、稻萍鱼共生、农林桑牧结合等都是比较典型的农业生态技术模式，通过农业系统内各种废弃物的循环利用，节约生产成本，实现无废物生产。如浙江省青田县龙现村"稻鱼共生系统"，于2005年被联合国粮农组织列入首批四个"全球重要农业文化遗产保护项目"之一。

2.1.2 对世界农业绿色发展的影响

中国传统农业技术的精华，对世界农业的发展有过积极的影响。德国农学家瓦格纳（W. Wagner）根据亲身见闻说："在中国人口稠密和千百年来耕种的地带，一直到现在未呈现土地疲敝的现象，这要归功于他们的农民细心施肥这一点。"美国著名女作家赛珍珠在长篇小说《大地》中描写的20世纪20年代中国农民对土地的精心："这个龅牙的农民很喜欢他种的这片地，他往地里上了不少好肥料，不单是他自己家人和牲畜的粪便，他还背着粪桶一大清早就起身，大老远跑到城里去拾粪。"

特别值得一提的是，1909年，美国农学家富兰克林·金（F.H.King）曾用了 5 个月时间到中国、日本和朝鲜考察农业，其中在中国就待了 4 个多月。回国后他撰写的《四千年农夫》（*Farmers of Forty Centuries*）一书，高度评价东亚的传统农业。该书的副题翻译为"永续农业"（也可以译成持续农业）。书中重点描述了中国、朝鲜和日本农业的废物利用传统，并将之与美欧国家做了比较，高度赞扬东方国家粪肥积制与施用传统及其对维护土地肥力所起的作用。他认为东亚传统小农经济从来是资源节约环境友好的而且是可持续的，最大特点是高效利用农业各种资源，不惜投入的就是劳动力。他指出东方民族的特质之一就是能够很好地保护土壤，避免破坏土壤肥力和污染环境。迄今为止，中国、朝鲜和日本农民实行的最伟大的农业措施之一就是将人类的粪便用于保持土壤肥力以及提高作物产量。他写道，利用底土或者河底淤泥和有机质混合制作的堆肥并施用于耕地的方法，对整个远东地区农业永续发展起着至关重要的作用。

20 世纪 80 年代之前，我国农业基本上是传统农业的生产方式，虽然生产工具不断革新，但是农业的核心没有变。从历史实践看，农业绿色发展是我国优秀农耕文化的宝贵结晶，趋时避害的农时观、用养结合的地力观、变废为宝的循环观等得以形成，为推动当下农业绿色发展提供了重要的思想文化基础。

2.2　国内主要的农业绿色发展模式

农业绿色发展就是要遵循生态规律和生态经济规律来发展农业，这种发展方式是人类对工业文明反思的结果，有机食品和绿色食品是目前我国最主要的两种质量标志产品，是农业绿色生产和高质量发展的主要形式，是农业可持续发展和高质量发展的典范。二者都从保护和改善农业生态环境入手，在种养、加工过程中，通过执行严格的技术标准和规范的管理制度，以质量认证为基本手段，以质量标志为纽带，建立健全先进的技术标准体系、认证管理体系和质量监测检验体系，实行"从土地到餐桌"的全程质量管理，达到确保农产品质量安全、增进消费者健康的目的。最重要的是，这两种质量标志产品在生产端和消费端之间架起了一座信息沟通的桥梁，把集合农业绿色生产技术的产品以标志标签的形式呈现给消费者。

2.2.1 绿色食品

（1）定义与理念

绿色食品是指产自优良环境，按照绿色食品标准生产，实行全程质量控制并获得绿色食品标志使用权的安全、优质食用农产品及加工品。

绿色食品的基本理念和宗旨：一是保护农业生态环境，促进农业可持续发展；二是提高农产品及加工品质量安全水平，增进消费者健康；三是增强农产品市场竞争力，实现农业增效和农民增收。

（2）起源与发展

绿色食品是在国际上可持续发展思潮的影响下，结合中国的实际情况，把有机农业理念进行中国化处理的产物，于 20 世纪 80 年代末 90 年代初由原农业部提出并推动发展，被誉为"全球可持续农业发展 20 个最成功的模式之一"。绿色食品的探索开辟出安全优质农产品质量管理的崭新模式，更成为我国农业绿色发展和高质量发展的先行者。

1990 年，农业部正式启动绿色食品开发和管理工作，1991 年，国务院批复农业部呈报的《关于开发"绿色食品"的情况和几个问题的请示》时明确指出，"开发绿色食品对把保护生态环境，提高农产品质量，促进食品工业发展，增进人民健康，增加农产品出口创汇，都具有现实意义和深远影响。要采取措施，坚持不懈地抓好这项开创性工作，各有关部门要给予大力支持。"1992 年，国务院在《关于开发高产优质高效农业的决定》中强调，"对绿色食品等经国家有关部门正式确定的质量标志要严格管理，依法使用和保护"。1993 年，农业部颁布《绿色食品标志管理办法》。从此，我国绿色食品事业步入了规范有序、持续发展的轨道。三十多年来，绿色食品在促进和引导农业结构战略性调整和提升农产品质量安全、保护农业生产环境等方面起到了重要作用。

（3）技术标准体系

以"从土地到餐桌"全程质量控制为技术路线，参照发达国家及国际组织农产品和食品质量安全标准，绿色食品建立起了科学、严格、系统的标准体系，整体达到或超过国际先进水平。绿色食品标准体系主要包括绿色食品生态环境质量标准，生产过程标准，产品标准，产品包装、标签及储藏、运输标准。其中规定了"以保持和优化农业生态系统为基础，提高生物多样性，维持生态系统平衡""以有机肥为主、废弃物循环利用"等技术要求。目前农业农村部发布有效的绿色食品标准有 141 项。

（4）运行制度安排

形成了"环境有检测、操作有规程、生产有记录、产品有检验、上市有标识、管理有制度"的质量控制模式。

（5）取得成效

2020 年 9 月，中国农业大学张福锁院士团队承担的"绿色食品生态环境效应、经济效益和社会效应评价"课题研究显示，绿色食品事业经过 30 年的发展，在生态环境效应、经济效益和社会效应等方面取得了令人振奋的成绩。

在生态环境效应方面，绿色食品生产模式减肥减药成效显著，化学氮肥投入量减少 39%、化学磷肥投入量减少 22%、化学钾肥投入量减少 8%，近十年累计减少化学氮肥投入 1458 万吨；农药使用强度降低 60%，近十年累计减少农药投入 54.2 万吨。与常规种植模式相比，绿色食品生产模式作物产量平均提高 11%。绿色食品生产模式有效提高耕地质量、促进土壤健康，土壤有机质、全氮、有效磷和速效钾含量分别提高 17.6%、14.1%、38.5% 和 27.1%。绿色食品生产模式减排温室气体效果显著，绿色食品生产模式累计创造生态系统服务价值 32059 亿元。

在经济效益和品牌效应方面，绿色食品产业积极推动经济发展，促进农民增收。绿色食品企业和产品市场竞争力显著提高，70% 以上的企业管理者认为发展绿色食品有利于其产品、价格、渠道和促销升级，绿色食品品牌已成为形象良好的发达品牌。绿色食品标识知晓率达到 73.5%，75% 以上的消费者认为绿色食品品牌具有美誉度，60% 的消费者对绿色食品有忠诚度和推荐度。

在社会效应方面，绿色食品事业产生了广泛而深远的社会效应，绿色食品在制度效应、模式效应、技术效应、健康安全效应、示范引领效应等方面成效显著。绿色食品带动了我国现代农业生产管理制度体系的建立和完善，示范和引领了中国农业的现代转型，促进了绿色农业生产技术的研发和应用，保障了食品生产者和消费者的健康和安全，培育了公众的绿色环保观念，形成了健康绿色的生活方式。

2.2.2 有机产品

（1）有机产品的定义

按照中国有机产品国家标准（GB/T 19630）中定义，有机产品是根据有机农业原则和有机产品生产方式及标准生产、加工出来的，并通过合法的有机产品认证机构认证并颁发证书的产品。

（2）有机产品在中国的发展

1）理念进入中国。我国的有机行业主要是借鉴欧美等发达国家与地区相关经验发展起来的。当时的国家环境保护局南京环境科学研究所农村生态研究室 20 世纪 90 年代初期引入了国际上方兴未艾的有机食品概念并积极推动认证，采用的标准是 IFORM 或欧盟有机产品标准。1995 年中国第一张有机食品证书花落安徽泾县汀溪精制茶厂。中国绿色食品发展中心在 1995 年推出了 AA 级绿色食品理念，并制定了相关标准和认定办法，其与欧美等国家的有机标准是相对应的。90 年代后期，国外的认证机构纷纷在中国设立办事处或者发展独立检查员进行有机产品的认证工作，如美国的 OCIA、法国的 ECOCERT、德国 BCS、瑞士 IMO 等在中国开展有机产品检查和认证业务，直到 2003 年。这一时期境外机构的认证和培训活动，为我国有机农业推广和产品出口做了一定的贡献。这一阶段，当时的国家环境保护总局颁布了《有机食品认证管理办法》，规范和管理了有机认证机构及有机生产、加工和贸易的中国有机食品行业。

2）开启统一管理时代。2003 年 9 月，为更好地推动有机产业的健康发展，国家颁布了《中华人民共和国认证认可条例》，2005 年 4 月，国家标准 GB/T 19630《有机产品》及相关认证管理办法实施，为有机生产和管理提供了统一的依据，使我国的有机产品认证走上了规范化道路。农业部中绿华夏有机产品认证中心、国家质检总局中国质量认证中心等相关部委相继开展了有机产品认证。随着国家对环保推动力度的加大和消费者意识的觉醒，有机产品认证市场不断扩大。由于竞争激烈，少数认证机构及生产企业出于利润考虑，标准把关不严或者缺乏诚信等，损害了消费者利益。从 2011 年起，国家有机产品管理相关部门陆续多次修订和完善了《有机产品》国家标准、《有机产品认证实施规则》和《有机产品认证管理办法》，认证要求更加严格，对规范认证活动、保护消费者权益、促进可持续发展方面发挥了积极作用。

（3）中国有机产品发展情况

1）面积与产量。2020年，我国有机植物生产面积408.7万公顷，其中有机作物种植面积达243.5万公顷，野生采集165.2万公顷。有机植物总产量1555.3万吨，其中有机作物产量1502.2万吨，野生采集产量53.1万吨。生产面积最大的作物是谷物，为115.4万公顷。加工类有机产品总产量479.75万吨，其中产量第一位的为粮食类（151.97万吨），第二位的为乳制品（81.26万吨）。

2）企业与证书。我国有机产品主要分为四大类：植物类、畜禽类、水产类及加工类，2020年，有机认证企业13318家，证书21094张。所有证书中种植类证书13705张，占比为65.2%；加工类证书5364张，占比为25.4%；畜禽类证书863张，占比为4.1%，水产和野生采集类证书分别为546张和524张，分别占比为2.6%和2.5%。有机证书超过1000张的有7个省份，占总证书数的46.5%，其中黑龙江最多，达2116张。

3）有机市场与销售。2020年，中国各类有机产品产值总计为2581亿元，其中有机加工类产品产值最高，为1442亿元；其次为畜禽类和谷物类产品，产值分别为351亿元和209亿元。2019年，我国有机产品总核销量95.98万吨，估算境内销售额为701亿元，其中加工产品销售额为646.15亿元，占有机产品总销售额的92.1%；植物类产品销售额为46.76亿元，占有机产品总销售额的6.67%；畜禽类和水产品的销售额分别为4.92亿元和3.57亿元，分别占有机产品总销售额的0.7%和0.5%。

2.2.3 参与式保障体系

参与式保障体系（PGS）的概念进入中国可以追溯到2008年。这一年正值PGS在南美、印度等发展中国家和地区蓬勃发展之际，南京环球有机食品研究咨询中心（OFRC）翻译了IFOAM编发的部分资料，正式将参与式保障体系（PGS）概念介绍到国内。

从2011年起，中国人民大学乡村建设中心、北京有机农夫市集、小毛驴市民农园、参与式保障体系研究会等机构在参与式保障体系理念在中国的传播方面做了很多工作，也在实践参与式保障体系方面进行了有益的尝试。随着参与式保障体系的概念在中国传播的日益广泛，近年来有越来越多的生产者、农夫市集、公益组织乃至企业开始了PGS的尝试。目前比较有影响力的有如下2个。

（1）社区支持农业联盟

中国的社区支持农业（CSA）模式是中国人民大学的石嫣博士自美国农场实习后带回来的，并依托学校的"小毛驴市民农园"进行了实践。后来创业成立了"分享收获农场"，以有机农业的方式保持健康生产，做了大量的食物教育工作，请市民到农场来参观体验，讲述生态农业的价值，让消费者得到自然健康的食物，强调如何让消费者也能够作为一个力量参与到农业生产的过程中来。

在农场经营理念上，社区支持农业更强调本地化、城乡合作互动的、生态化的农业。特别注重借助"互联网+"，利用互联网内在体现的各阶层公平参与，实现市民与农民都能够广泛参与的"社会化生态农业"，而社会化生态农业本身又是中华文明传承之载体。

社区支持农业联盟由著名"三农"问题专家温铁军教授倡导成立，推动社会化、生态化的农业产业体系，自2003年开始培训农民学习立体循环农业和生态建筑、2009年开始构建全国的CSA联盟网络，并在2010年成功举办了第一届CSA联盟大会，于2017年正式注册社会团体，并连续每年举办年度最大规模的全国CSA联盟大会，把全国的生态小农有效的组织起来开展技术、市场等方面的交流，同时联盟与国际社会生态农业联盟（URGENCI）进行了直接对接。

联盟致力于成为全国社会化生态农业领域专业倡导型、多元服务型的社会团体，将全国各地认同并愿意支持CSA模式的生产者和消费者连接起来，构建社会生态农业互助网络。主要工作内容包括研究相关课题、举办年度CSA大会、推动建立参与式保障体系和组织培训学习等。多年来CSA联盟不断深耕，联络各地的小农。目前，已经形成了对全国1500多个有机农场、数万从业人员的有效触达。从2019年开始，基于此前数年与国际组织一起在PGS方面的探索，CSA联盟开始推动各省自发形成合作社，并以省级合作社为单位，因地制宜地推进各地的有机小农参与到PGS认证进程中来。与此同时，与国家相关标准机构的接触与交流也在密切的推进之中。

（2）北京有机农夫市集

北京有机农夫市集（Country Fair）由一群关注生态农业和三农问题的消费者志愿发起，市集团队也在从一个志愿者组织向有稳定团队的社会企业过渡。目前正在逐步完善其组织结构，准备成立一个咨询委员会和管理委员会，由生产者代表、消费者代表、有公信力的学者和专家、从事相关工作的社会团体和研究机构等共同组成，指导和监督市集的工作，让市集成为一个平等参与、民主管理的活动平台，让从事有机农业的农户能够和消费者直接沟通交流，既帮助消费者找到安全生态的产品，也帮助生态农户拓宽市场渠道，鼓励更多农户从事有机农业，从而减少化肥和农药带来的环境污染、维护食品安全、实践公平贸易。同时希望有更多的消费者认识和支持有机农业，选择更加可持续的生活方式。

自 2010 年 9 月以来，北京有机农夫市集已经举办了 500 多届，分别在海淀区、东城区、西城区和朝阳区举办，参加农户和商户 50 余家，赶集人数从最初的一百多人到四千多人，吸引了众多关注环境保护和生活品质的中外人士参加。微博粉丝数量超过 11 万名，近 100 家媒体对市集进行了报道，包括中央电视台、北京电视台、人民日报等。

第三节　我国农业绿色发展前景与趋势

2020 年，我国全面建成小康社会，如期实现了第一个百年奋斗目标，又要乘势而上开启全面建设社会主义现代化国家新征程，向第二个百年奋斗目标进军。我国社会发展进入新阶段，党中央、国务院制定了《中华人民共和国国民经济和社会发展第十四个五年规划和 2035 年远景目标纲要》，对新阶段发展进行了规划，提出了要求。根据上述纲要及"十四五"推进农业农村现代化有关要求，2021 年 9 月，农业农村部、国家发展改革委、科技部、自然资源部、生态环境部、国家林草局联合印发了《"十四五"全国农业绿色发展规划》的通知（以下简称《规划》）。这是我国首部农业绿色发展专项规划，对"十四五"农业绿色发展工作做出系统部署和具体安排，这也是我国农业绿色发展当前和今后五年工作的主要依据。《规划》提出，要目标同向，聚焦农业绿色发展重点任务，列出清单，细化措施，逐项落实；资源同聚，资金、人才、技术等资源要素要向农业绿色发展的重点领域和重点区域聚集，发挥集合效应，提升农业发展质量；力量同汇，创新推进机制，形成政府引导、市场主导、社会参与的格局。

1. 新阶段农业绿色发展面临机遇

当前，生态优先、绿色发展将成为全党全社会的共识，绿色生产生活方式加快形成，美丽中国建设扎实推进，为农业绿色发展带来难得机遇。

1.1 政策环境不断优化

"三农"工作重心转向全面推进乡村振兴、加快农业农村现代化，更多资源要素向农村生态文明建设聚集，碳达峰、碳中和纳入生态文明建设整体布局，以绿色为导向的农业支持保障体系更加健全，将为推进农业绿色发展提供有力支撑。

1.2 市场空间不断拓展

国内超大规模市场优势逐步显现，优质优价的市场机制更加健全，绿色优质农产品消费需求不断扩大，绿色生态建设投资带动效应不断释放，将为推进农业绿色发展提供广阔的市场空间。

1.3 科技革命不断演进

以生物技术和信息技术为特征的新一轮农业科技革命深入发展，农业绿色发展的核心关键技术有望逐步破解，不同区域、不同类型绿色发展技术模式集成推广，将为推进农业绿色发展提供强大的动力。

1.4 主体带动不断强化

绿色生产技术在家庭农场、农民合作社等新型经营主体中广泛应用，面向小农户的专业化、社会化服务加快发展，绿色品种、技术、装备和投入品逐步走进千家万户，将为推进农业绿色发展创造有利条件。

2.新阶段农业绿色发展的原则和目标

2.1　新阶段农业绿色发展的目标

2.1.1　坚持底线思维、保护为先

落实构建生态功能保障基线、环境质量安全底线、自然资源利用上线的要求，坚持节约优先、保护优先、自然恢复为主，守住农业生态安全边界。

2.1.2　坚持政府引导、市场主导

发挥政府作用，强化政策扶持。更好发挥市场作用，落实生产经营者主体责任，建立健全"保护者受益、使用者付费、破坏者赔偿"的利益导向机制，引导农民、企业和社会力量参与农业绿色发展。

2.1.3　坚持创新驱动、依法治理

强化科技创新在农业绿色发展中的重要支撑作用，加大制度供给，依法保护资源、治理环境，构建创新驱动与法治保障相得益彰的农业绿色发展支撑体系。

2.1.4　坚持系统观念、统筹推进

实施山水林田湖草沙系统治理，正确处理农业绿色发展和资源安全、粮食安全、农民增收的关系，实现保供给、保收入、保生态的协调统一。

2.2　新阶段农业绿色发展的目标

到 2025 年，农业绿色发展全面推进，制度体系和工作机制基本健全，科技支撑和政策保障更加有力，农村生产生活方式绿色转型取得明显进展。

2.2.1　资源利用水平明显提高

耕地、水等农业资源得到有效保护、利用效率显著提高，退化耕地治理取得明显进展，以资源环境承载力为基准的农业生产制度初步建立。

2.2.2 产地环境质量明显好转

化肥、农药使用量持续减少，农业废弃物资源化利用水平明显提高，农业面源污染得到有效遏制。

2.2.3 农业生态系统明显改善

耕地生态得到恢复，生物多样性得到有效保护，农田生态系统更加稳定，森林、草原、湿地等生态功能不断增强。

2.2.4 绿色产品供给明显增加

农业标准化、清洁化生产加快推行，农产品质量安全水平和品牌农产品占比明显提升，农业生态服务功能大幅提高。

2.2.5 减排固碳能力明显增强

主要农产品温室气体排放强度大幅降低，农业减排固碳和应对气候变化能力不断增强，农业用能效率有效提升。

到 2035 年，农业绿色发展取得显著成效，农村生态环境根本好转，绿色生产生活方式广泛形成，农业生产与资源环境承载力基本匹配，生产生活生态相协调的农业发展格局基本建立，美丽宜人、业兴人和的社会主义新乡村基本建成（见表 1-4）。

表 1-4 "十四五"农业绿色发展主要指标

类别	主要指标	2020 年	2025 年	指标属性
农业资源	全国耕地质量等级	4.76*	4.58	预期性
	农田灌溉水有效利用系数	0.56	0.57	预期性
产地环境	主要农作物化肥利用率（%）	40.2	43	预期性
	主要农作物农药利用率（%）	40.6	43	预期性
	秸秆综合利用率（%）	86	>86	预期性
	畜禽粪污综合利用率（%）	75.9	80	预期性
	废旧农膜回收率（%）	80	85	预期性
农业生态	新增退化农田治理面积（万亩）	—	1400	预期性
	新增东北黑土地保护利用面积（亿亩）	—	1	约束性

续表

类别	主要指标	2020 年	2025 年	指标属性
绿色供给	绿色、有机、地理标志农产品认证数量（万个）	5	6	预期性
	农产品质量安全例行监测总体合格率（%）	97.8	98	预期性

注：标 * 的指标数据为 2019 年数据。

3. 推进新阶段农业绿色发展的主要任务

3.1　加强农业资源保护利用，提升可持续发展能力

要树立节约循环利用的资源观，推动资源利用方式根本转变，加强全过程节约管理，降低农业资源利用强度，促进农业资源永续利用。

3.1.1　加强耕地保护与质量建设

要落实最严格的耕地保护制度，严守 18 亿亩耕地红线；要加强耕地质量建设，到 2025 年累计建成高标准农田 10.75 亿亩；要实施黑土地保护工程，到 2025 年实施土地保护利用面积 1 亿亩；坚持分类分区治理，有序推进退化耕地治理，"十四五"期间累计治理酸化、盐碱化耕地 1400 万亩。

3.1.2　提供农业用水效率

因地制宜，积极发展旱作农业、雨养农业、雨补灌溉农业、聚水保土农业等生产方式，推进农牧结合；集成推广节水技术，实现农艺节水、品种节水、工程节水，推进重点区域农业节水。加强农业用水管理，落实最严格水资源管理制度。

3.1.3　保护农业生物资源

通过开展种质资源普查，建设一批种质资源库，对现有野生植物原生境保护区进行梳理调整和归类，加强农业物种资源保护；通过在重点水域持续开展水生生物增殖放流，严格执行重点河流禁渔期制度，实施珍稀品种水生生物拯救行动计划，严格执行海洋休渔制度，推进海洋牧场建设等措施，加强水生生物资源保护；加强外来入侵物种防控，开展外来入侵物种普查和监

测预警，实施外来物种分级分类管理，加强外来入侵物种阻截防控，加大综合治理力度。

3.2 加强农业面源污染防治，提升产地环境保护水平

3.2.1 推进化肥农药减量增效

通过技术集成驱动、有机肥替代推动、新型经营主体带动等措施推进化肥减量增效；通过推行统防统治、推行绿色防控、推广新型高效植保机械、推进科学用药等方式，推进农药减量增效。

3.2.2 促进畜禽粪污和秸秆资源化利用

通过健全畜禽养殖废弃物资源化利用制度，加强畜禽粪污资源化利用能力建设，推进绿色种养，减少养殖污染排放，推进养殖废弃物资源化利用。通过促进秸秆肥料化、秸秆饲料化、秸秆燃料化、秸秆基料化和原料化，推进秸秆综合利用。

3.2.3 加强白色污染治理

通过落实严格的农膜管理制度、推广普及标准地膜、促进废旧地膜加工再利用、建立健全农膜回收利用机制等措施，推进农膜回收利用。通过严格农药包装废弃物管理、合理处置肥料包装废弃物等措施，推进包装废弃物回收处置。

3.3 加强农业生态保护修复，提升生态涵养功能

3.3.1 治理修复耕地生态

推动用地与养地相结合，健全耕地轮作休耕制度。通过开展土壤污染状况调查、实施耕地土壤环境质量分类管理、分类分区开展污染耕地治理等措施，实施污染耕地治理。

3.3.2 保护修复农业生态系统

通过建设农田生态廊道、发挥稻田生态涵养功能、优化乡村功能等措施，建设田园生态系统。通过开展大规模国土绿化行动、恢复重要生态系统、坚持基本草原保护制度等措施，保护修复森林草原生态。在严格保护生态环境的前提下，采取各种措施，开发农业生态价值。

3.3.3 加强重点流域生态保护

通过采取各种措施和专项行动，推动长江经济带农业生态修复，加强黄河流域农业生态保护。

3.4 打造绿色低碳农业产业链，提升农业质量效益和竞争力

3.4.1 构建农业绿色供应链

采取各种措施，推进农产品加工业绿色转型。通过发展农产品绿色低碳运输、加快农产品批发市场改造提升、推广农产品绿色电商模式等措施，建立健全绿色流通体系。通过积极发展农产品"三品一标"，进一步推广运用农产品追溯体系；倡导绿色低碳生活方式，引导企业和居民采购消费绿色农产品，促进绿色农产品消费。

3.4.2 推进产业集聚循环发展

以绿色为导向，促进产业融合发展；统筹产地、销区和园区布局，推进要素聚集；促进农产品加工与企业对接，推进企业集中；合理布局种养、加工等功能，推进功能集合。通过推动低碳循环发展、发展生态循环农业、推动农业园区低碳循环等措施，实现循环农业。

3.4.3 实施农业生产"三品一标"行动

筛选一批绿色安全、优质高效的种质资源，推进品质培优；通过推广一批优质良种、推广绿色生产技术、构建农产品品质评价体系等措施，推进品质提升；通过构建农业品牌体系、完善品牌发展机制、开展品牌宣传推介活动等措施，推进农业品牌建设。通过建立全产业链农业绿色发展标准体系、开展全产业链标准化试点、实施农业标准化提升计划，推进标准化生产。

3.5 健全绿色技术创新体系，强化农业绿色发展科技支撑

3.5.1 推进农业绿色科技创新

通过加强绿色科技基础研究、开展关键技术攻关、推进技术集成创新等措施，推进绿色技术集成创新。通过加快绿色农机装备创制、完善绿色农机装备创新体系、推动农机装备研发升级、加快绿色高效技术装备示范推广等措施，提升农机绿色生产支撑能力。通过推进农业绿色技术创新平台建设、引导

大型农业企业集团搭建绿色技术创新平台、加快农业绿色发展科技创新联盟发展等措施，建设农业绿色技术创新载体。

3.5.2　加快绿色适用技术推广应用

通过建立健全农业科技成果评估制度、建立农业绿色科技成果转化平台、建立绿色发展科技成果转化激励机制，推进绿色科技成果转化。通过开展绿色技术应用试验、农业绿色发展长期固定观测、国家农业农村绿色发展监测预警等措施，推行绿色技术先行先试。通过开展绿色生产技术示范、实施科技服务小农户行动和小农户能力提升工程等措施，引导小农户运用绿色技术。

3.5.3　加强绿色人才队伍建设

通过健全基层农机推广服务体系、培育新型农业生产经营主体、培养绿色技术推广人才等措施，建立一支能够支撑农业绿色发展的专业技术队伍。

第二章
绿色优质农产品生产原则与关键技术

近年来我国通过开展果菜茶有机肥替代化肥、秸秆循环利用、大豆玉米间套作技术、生物降解地膜替代等绿色技术和模式，农产品质量安全水平大幅提高，农业面源污染程度下降。但是，农业绿色发展，尤其是高质量农业生产依然存在一定的瓶颈，主要体现在绿色生产技术未能全面推广，农业技术改造具有知识壁垒等。这迫切需要依靠关键技术推动农业绿色生产，推动建立能够切实提升农产品生产力及质量的技术推广体系。本章将基于生态学的理论和农业生态系统的特点总结实用的优质农产品生产关键技术，从而促进绿色优质农产品的生产。

第一节　食物链原则与应用

植物、动物和微生物这三类生物在生命的起源演化进程中具有密切的关系，在地球生物圈这个复杂的自然生态系统中，三者缺一不可、息息相关，生物圈中的物质循环和能量流动主要由这三者协同作用运转。

农业生态系统是人工驯化的自然生态系统，提高和维持生态系统中的生物多样性，并营造一种良好的生态环境，使系统中各营养层级和食物链维持在一种高级平衡状态，保证功能的正常运转是农业生产的追求目标。生态系统的食物链是各组分通过吃与被吃的关系彼此联系，贮藏于植物体内的有机物和能量在生态系统中逐层传递且逐级消耗。农业生态系统具有高度受人为控制和影响的特殊性，能量沿食物链进行流动的过程中，所生产的能量载体——农产品本身的使用价值是用来满足人类需要的。人类对生物种类、产量的调控和产品期望不同，通过食物链（加环）的方式，增加一些食物链环节，可增加系统的产品和经济效益。

1. 生产原则

生态系统的两大功能是物质循环和能量流动，能量在从一种形态转化为另一种形态时，转化效率不可能达到 100%，通常符合林德曼定律，从绿色植物开始的能量流动过程中，后一营养级获得的能量约为前一营养级能量的10%，其余 90% 的能量因呼吸作用或分解作用而以热能的形式散失，还有小部分未被利用。食物链加环是以人工生物种群代替自然生物种群，达到废弃物的多级综合利用，抑制物质和能量损失的生物工艺过程。食物链的加环与解链是生态学原理在农业生态系统中应用的突破，人类利用生态学食物链原理和林德曼定律，在农业生态系统中加入一些新的营养级，从而达到增加系统产品的输出，防治病虫草及有害动物的方法。同时随着农业环境污染日益严重，有毒物质沿着食物链的富集作用，有时需要切断向人类自身转化的食物链环节。

在能量转化过程中所形成的农产品价值链是农业产品生产消费过程中，由于不同农作物商品价值不同、消费者对农产品有不同层次需求，导致其在利用价值上存在不同而建立的链锁关系。价值链促使食物链向更为科学合理的方向调整，使其更符合农业生态系统的经济收益规律，而食物链是引导和建立价值链的根基。食物链与价值链合理配置可以充分实现农业经济效益和农业生态系统的耦合。

1.1 食物链的一级产品的生产环

一级产品或剩余有机废弃物有尚不能供给人类直接使用的部分，或者利用人类不能直接利用或利用价值较低的生物产品，可作为次级产品的资源。适当延长食物链、加入新的食物链环节，使农业生态系统中加环生物加以利用，以增加一种或多种产品的输出。生产环的增加，可以实现变废为宝、变低价值为高价值、变分散为集中、变粗为精、变滞销为畅销，从而提高整个系统的效益。经过生物转化利用后，尽可能转化为价值更高、人类可直接食用的产品，从而将农业生态系统生产力和经济效益大幅提高。

1.2 残渣食物链的利用

在人工食物链中可以加入一些特殊的环节，这些特殊环节的生物种群可以提供给生产环节所必需的资源，从而增加生产环的效益。食物链的增益环设计，对开发废弃物资源、扩大食物生产、保护生态环境等方面有很重要的意义。残渣食物链就是其代表性的一种。残渣食物链是指低等动物和微生物分解农业生产的副产物和农业有机废弃物的过程，是农业生态系统中物质和能量的最终利用过程。具有残渣食物链的生态系统有较强的自身调控和适应能力，能保持较高的稳定性和物质能量的良性循环。这种方式可以提高农副产品的利用率，也能提高能量的利用率和转化率。

1.3 食物链减耗环

农业生态系统中的有害生物给各种农作物产量与品质造成了严重的损害，并且由于人类长期大量施用化学农药，已产生了一系列严重后果。目前，国内外普遍探索利用生物措施防治有害生物，这样可以抑制耗损环的生物种群。农业生态系统食物链结构简单，引入捕食性昆虫或动物能够抑制以一级产品为食的害虫发生，提高农业生态系统的稳定性，减少一级农作物损失。

2. 关键技术及案例

2.1 食物链生产加环——以秸秆多级循环利用技术为例

生产环的加环可以加入一个或多个生产环节，要根据生态系统的资源种类、性质和数量来确定（图2-1）。例如将秸秆糖渣等通过加工配合成混合饲料用于养殖，能够将低价值糖渣转为高价值的肉、蛋、奶等畜禽产品。利用畜禽排泄粪便养鱼，通过这一环完成由畜禽粪便到鲜鱼的转化。池塘淤泥和人类排泄的粪便用来增加农田肥力，可使作物增产，完成从低产量向高产量的转化，整个生产过程形成良性循环。

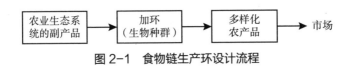

图 2-1　食物链生产环设计流程

秸秆是成熟农作物茎叶（穗）部分的总称，是农业生态食物链中最常见的组分之一，其富含丰富的光合作用产物。我国是农业大国，秸秆资源十分丰富，农作物秸秆资源的综合利用对于促进农民增收、环境保护、资源节约以及农业经济可持续发展意义重大。目前我国主要的秸秆利用方式如下。

2.1.1　直接还田

一般采用直接还田的方式比较普遍，直接还田又分为翻压还田和覆盖还田两种。翻压还田是在作物收获后，将作物秸秆在下茬作物播种或移栽前翻入土中。覆盖还田是将作物秸秆或残茬，直接铺盖于土壤表面。由于化肥的大量施用，有机肥的用量越来越少，不利于土壤肥力的保持和提高。而秸秆经粉碎后直接翻入土壤，可有效提高土壤内的有机质，增强土壤微生物活性，提高土壤肥力。但秸秆还田方法不当，也会出现各种问题，如小麦出苗不齐、病害发生加重等。针对这些问题，秸秆直接还田时需要注意以下内容。

（1）秸秆还田数量

无论是秸秆覆盖还田或是翻压还田，都要考虑秸秆还田的数量，如果秸秆数量过多，不利于秸秆的腐烂和矿化，甚至影响出苗或幼苗的生长，导致作物减产，过少则达不到应有的目的，一般以每亩 200 千克为宜。

（2）配施适量化肥

新鲜的秸秆施入田地，在腐熟的过程中会消耗土壤中的氮素等速效养分，会出现微生物与作物争肥现象。直接耕翻秸秆时，应配合施用氮、磷肥，以促进秸秆在土中腐熟，避免微生物与作物对氮的竞争。秸秆还田时，也可配合施用碳酸氢铵、过磷酸钙等肥料，补充土壤中的速效养分。

（3）秸秆翻埋时期

一般在作物收获后立即翻耕入土，避免因秸秆被晒干而影响腐熟速度，旱地应边收边耕埋，水田应在插秧前 15 天左右施入。

（4）配施适量石灰

新鲜秸秆在腐熟过程中会产生各种有机酸，对作物根系有毒害作用。因此，在酸性和透气性差的土壤中进行秸秆还田时，应施入适量的石灰，中和产生的有机酸。施用数量以 30～40 千克 / 亩为宜，以防中毒和促进秸秆腐解。

（5）病害秸秆消毒

发病植物的秸秆会带有病菌，直接还田时会传染病害，可采取高温堆制，以杀灭病菌。

2.1.2 过腹还田技术

过腹还田是利用秸秆饲喂牛、马、猪、羊等牲畜后，秸秆先作饲料，经禽畜消化吸收后变成粪、尿，以畜粪尿施入土壤还田。据统计目前约有 20% 经过处理用作饲料，大部分仅经切碎至 3～5 厘米后直接饲喂家畜。秸秆过腹还田，不仅可以增加禽畜产品，还可为农业增加大量的有机肥，降低农业成本，促进农业生态良性循环。秸秆作为饲料后，动物经腹中消化可吸收糖类、蛋白质、纤维素等营养物质，剩余变成粪便，施入土壤，培肥地力，无副作用。秸秆被动物吸收的营养部分有效地转化为肉、奶等，供人们食用，提高利用效率。

2.1.3 堆沤还田

堆沤还田是将作物秸秆制成堆肥、沤肥等，作物秸秆发酵后施入土壤，其形式有厌氧发酵和好氧发酵。厌氧发酵是把秸秆堆后、封闭不通风，好氧发酵是把秸秆堆后，在堆底或堆内设有通风沟。经发酵的秸秆可加速腐殖质分解制成质量较好的有机肥，作为基肥还田。堆沤之前，作物秸秆一般要用粉碎机粉碎或用铡草机切碎，一般长度以 1～3 厘米为宜，粉碎后的秸秆湿透水，秸秆的含水量在 70% 左右，然后混入适量的已腐熟的有机肥，拌匀后堆成堆，上面用泥浆或塑料布密封即可，堆沤过程应持续 15 天左右。秸秆的腐熟标志为秸秆变成褐色或黑褐色，湿时用手握之柔软有弹性，干时很脆容易破碎。腐熟堆肥料可直接施入田地。

2.1.4　覆盖还田

覆盖还田是直接将秸秆粉碎至3～5厘米碎片后覆盖在地表，这样做可以减少土壤水分的蒸发，达到保墒的目的，腐烂后增加土壤有机质。这种形式一般适合机械化点播，同时比较适宜干旱地区及北方地区，进行小面积的人工整株倒茬覆盖。但是这种还田方式也会给灌溉带来不便，造成水资源的浪费，严重影响后续播种。秸秆覆盖一般有以下几种方式。

（1）直接覆盖

秸秆直接覆盖和免耕播种相结合，蓄水、保水和增产效果明显。

（2）高留茬覆盖还田

小麦、水稻收割时留高茬20～30厘米，然后用拖拉机犁翻入土中，实行秋冬灌及早春保墒。

（3）带状免耕覆盖

用带状免耕播种机在秸秆直立状态下直接播种。

（4）浅耕覆盖

用旋耕机或旋播机对秸秆覆盖地进行浅耕地表处理。

2.1.5　秸－菌－肥

以农作物秸秆为主要原料，通过与其他原料混合或经高温发酵，配制而成食用菌栽培基质，食用菌采收结束后，菌糠再经高温堆肥处理后归还农田，是一种多级循环利用技术。食用菌栽培按其基质处理方法不同，可分为生料、熟料和发酵料栽培。无论哪种食用菌栽培方式，均包括基料制备、食用菌栽培与菌糠堆肥3个重要技术环节。"秸－菌－肥"基质利用型模式适应全国各地。因秸秆来源不同、基质用途不同，各地区在选择运用秸秆基质制备技术时，应根据当地实际情况，因地制宜选择秸秆堆腐工艺及配套设备、基质复配与调制所需要原料与复配方法。

2.1.6　生物炭及沼液

（1）生物炭

秸秆炭化技术是将秸秆经晒干或烘干、粉碎后，在制炭设备中，在隔氧或少量通氧的条件下，经过干燥、干馏（热解）、冷却等工序，将秸秆进行高温、亚高温分解，生成炭、木焦油、木醋液和燃气等产品，又称为"炭气油"

联产技术。当前较为实用的秸秆炭化技术主要有两种：机制炭技术和生物炭技术。机制炭技术又称为隔氧高温干馏技术，是指秸秆粉碎后，利用螺旋挤压机或活塞冲压机固化成型，再经过700℃以上的高温，在干馏釜中隔氧热解炭化得到固型炭制品。生物炭技术又称为亚高温缺氧热解炭化技术，是指秸秆原料经过晾晒或烘干，以及粉碎处理后，装入炭化设备，使用料层或阀门控制氧气供应，在500～700℃条件下热解成炭。秸秆机制炭具有杂质少、易燃烧、热值高等特点，碳元素含量一般在80%以上，热值可达到每千克23兆～28兆焦，可作为高品质的清洁燃料，也可进一步加工生产活性炭。

（2）沼液

秸秆沼液生产技术是在严格的厌氧环境和一定的温度、水分、酸碱度等条件下，秸秆经过沼气细菌的厌氧发酵产生沼液的技术。沼液是秸秆发酵产生沼气后的副产物。按照使用的规模和形式分为户用秸秆沼气和规模化秸秆沼气工程两大类。目前我国常用的规模化秸秆沼气工程工艺主要有全混式厌氧消化工艺、全混合自载体生物膜厌氧消化工艺、竖向推流式厌氧消化工艺、一体两相式厌氧消化工艺、车库式干发酵工艺、覆膜槽式干发酵工艺。具体可参照《GB/T 30393-2013 制取沼气秸秆预处理复合菌剂》《NY/T 2141-2012 秸秆沼气工程施工操作规程》《NY/T 2372-2013 秸秆沼气工程运行管理规范》等国家及行业标准。

2.2 残渣食物链的利用——以"有机废弃物－蚯蚓－家禽养殖"技术为例

以平菇、香菇等食用真菌生产为主，同时结合昆虫的作用通过食物链加环利用方式迅速发展，其可以实现物质能量的高效转化。如：经济效益较高的稻草－平菇－蚯蚓－黄鳝残渣食物链模式，平菇可利用稻草中丰富的纤维素和半纤维素，对粗蛋白及木质素的利用率也达50%；菇渣养蚯蚓对菇渣中的物质和能量利用率很高，但转化率较低；蚯蚓饲养黄鳝8天后增重38.5%，物质和能量的转化率均在15%以上。以有机废弃物－蚯蚓－家禽养殖技术为例进行详细介绍。

2.2.1 蚯蚓养殖

蚯蚓养殖可利用城市生活垃圾，是一种新的垃圾处理方法。蚯蚓粪便可作为蔬菜等的有机肥料，经过蚯蚓处理的生活垃圾还可以还田，形成一个绿色有机生态蚯蚓养殖体系。蚯蚓饲喂散养鸡，在丰富餐桌美食的同时，又提高了食品的安全质量，达到保护环境和创收致富双赢。

蚯蚓喜欢潮湿、黑暗的环境，投放前要选择适宜蚯蚓生存的环境。选好地块后，平整土地，起垄，垄高30～50厘米，行距1米（可根据场地调节行距），用牛粪或猪粪上垄（蚯蚓喜食牛粪），盖上塑料布或草帘，定期浇水保持湿润。3月份开始投放幼蚓，投放密度为每立方米2～2.5千克，垄上牛粪或猪粪保持细碎、湿润、松散，一般牛粪5～10天、猪粪10～13天各需要更换1次。

随着蚯蚓的生长，每半月用铁叉松动1次，利于通气，同时清除蚯蚓粪并补料1次，每次补料厚度为15～20厘米，确保饵料新鲜透气。每2～4天浇水1次。投放21天后，基本孵化为成虫，利用蚯蚓的趋光性，按垄采收。每年11月份蚯蚓开始冬眠，用草帘和塑料膜盖严保暖。特别注意在下雨天必须开灯，防止蚯蚓乱跑。干旱、暴晒、冻害是蚯蚓生存的最大隐患。

2.2.2　养殖蚯蚓饲喂散养鸡

散养鸡按照传统饲喂和蚯蚓饲喂相结合的方式，蚯蚓每隔2～3天采收1次，每次约10～12千克（每千克2000条），全部用于饲喂散养鸡，每次投喂量每只鸡10～40条。

蚯蚓饲喂的散养鸡，相对于传统散养鸡饲养周期缩短、体重增长快、适应能力强、抗病力强、死亡率低。一般散养鸡4～5个月出栏，蚯蚓饲喂的散养鸡提前7～10天出栏，每只鸡较普通散养鸡平均增重0.15～0.3千克。甘肃省兰州市皋兰县平源种植养殖专业合作社通过养殖蚯蚓饲喂散养鸡，前期牛粪（猪粪）、草帘、塑料膜、水电等共投入13.8万元，可实现年收入21.6万元，较传统养殖增收1.5万～2万元。

高效蚯蚓养殖与散养鸡饲喂相结合的模式，形成了蚯蚓为散养鸡提供补充饲料，同时为农作物种植提供有机肥源的良性循环，能够有效节约生产成本，提高产品质量，增加经济效益。通过养殖带动周边地区农户从原有的传统养殖方式过渡到高效环保的现代养殖方式，为减少城市及农村的环境污染起到积极作用。这种绿色、天然、优质的养殖模式是提升生态农业水平，满足人民对优质农产品需求的必然趋势。产品销售直接从田间到餐桌，节省交易成本，实现销售渠道多元化。

蚯蚓饲喂的散养鸡肉质鲜美、营养丰富、口感极佳，所产出的鸡蛋个头大、品质好，胆固醇、卵磷脂及蛋白质含量均高于传统养殖散养鸡所产蛋的含量。蚯蚓粪便可以加工成绿色有机肥料，用于农田作物生长，也是花卉种植的极佳肥料。蚯蚓的养殖还能增加农作物产量，给种植业带来新的增值空间。使用有机肥种植作物，既可以改良土壤、提高土壤肥力，又可以实现种养结合的良性循环，农作物长势好，颗粒饱满，可实现玉米每公顷增产 2500 千克，洋芋每公顷增产 1500 千克。

2.3 食物链减耗环及鸭蛙稻绿色防控集成技术案例

食物链加环并非越长越好，林德曼定律证明，链条越长，营养级层次越多，沿食物链损耗的能量也就越多，因此减少不必要的食物链环节，尽早从链条中获取更多产品是十分必要的。食物链减耗环的设计，一是要查清当地主要有害生物及其发生规律；二是要选择对耗损环生物种群具有拮抗、捕食、寄生等负相互作用的生物类型。在稻谷种植的农业生产链条中加入鸭，鸭能够捕食破坏稻谷的害虫，降低这个食物链的能量消耗，提高农作物的产量。

2.3.1 冬种红花草籽绿肥

红花籽绿肥根瘤固氮，提供生物氮肥，健壮水稻植株，提高水稻抗病虫、抗倒伏能力。冬春季节，占据田间生态位，压缩杂草病害的生存空间。绿肥及时翻耕沤泡，能显著控制延迟插秧后的杂草发生，消灭稻苑中的越冬幼虫。

绿肥的翻耕沤泡技术要点：插秧前 10～15 天翻耕绿肥，先干耕翻晒 7～10 天（晴天 7 天，阴雨天 10 天），至土壤颜色发白，此时绿肥发酵腐烂，产生近 80℃高温，能极大地抑制杂草、纹枯病的发生。晒好后再放水泡田 3～5 天，整田插秧。2018 年，观察到红花籽田与冬闲田对比，4 月 9 日插秧，至 5 月 2 日，红花籽田土质黑肥不长草，冬闲田中的杂草全面覆秧苗，要进行化学除草。种绿肥及翻耕沤泡是鸭蛙稻的核心技术关键措施，是解决草害的第一关。

2.3.2 稻鸭共育

插秧后 12～15 天，每亩按 15 只标准，投 15～20 天龄幼鸭。鸭子在田间期间不投食，夜晚在鸭舍少量投食，鸭子取食杂草，田间来回运动，脚踏死杂草。鸭子在稻丛间穿行利于通风透光，不利纹枯病菌丝正常生长，减轻纹枯病，鸭子运动使泥浆附着于稻株茎基部，起到一定阻隔纹枯病浸染的作用。鸭子吃蛾、驱蛾，吃飞虱，干扰害虫交配产卵。鸭粪为生物有机肥，能增强水稻抗病虫抗倒伏能力。运动时羽毛按摩拍打茎秆，植株更健壮，抗病虫抗倒伏能力更强。晒田复水后，鸭子能很好地解决无效分蘖问题。抽穗到齐穗阶段移鸭出田，7 月上旬，雨后晴天收鸭出田，要争取让鸭子吃掉更多下雨后带来的迁入稻飞虱。

2.3.3 投放青蛙

青蛙养殖池 30 亩，每亩年养殖青蛙 1250 千克，可保稻田投蛙供应。移鸭出田后，亩投 40 克重青蛙 60～80 只于稻田，控制后期稻飞虱及其他虫害。

2.3.4 其他田间管理措施

除绿肥外，插秧前施基肥，每亩施 80 千克生物有机肥，分蘖期施 40 千克，收割前 15～20 天施 40 千克催芽肥。全程不施无机肥。

利用多数害虫的成虫具有趋光的特性，安装频振式杀虫灯装置、通过性诱剂诱杀田间害虫，以减少虫源，诱杀害虫还可以为鸭提供饲料。投放由赤眼蜂卵＋杀虫病毒构成的生物导弹，专一性攻击二化螟、卷叶螟卵，并传播二化螟卷叶螟病害。每亩投放 2～3 枚，在二化螟产卵盛期投放。

第二节 作物间作、套作共生原则与应用

"间套轮"种植模式是高效生态种植模式的主要组成之一。该模式是指在耕作制度上采用间作、套种和轮作换茬的模式。利用生物共存、互惠原理发展有效的间作、套种和轮作倒茬技术。我国典型的间作套种种植模式有玉米与豆类间作、棉花与蔬菜间作、枣粮间作等；小麦玉米套作、麦棉套作、小麦玉米蔬菜套作等；典型的轮作倒茬种植模式有禾谷类作物和豆类作物轮换的禾豆轮

作，水稻与棉花等旱作轮换的水旱轮作，大田作物和绿肥作物轮作（图2-2）。与单作种植方式相比，间套作种植具有明显的间作优势。间套作具有较高的水分利用效率、养分利用效率和光能利用效率，同时又能防治病虫害，提高土地效率等特点。

图2-2 玉米和绿肥轮作

1. 作物间套作搭配原则

不同地区在气候、土壤、肥水、交通、基础设施等方面存在很大差异，要根据当地的水肥地力条件来发展与之相匹配的种植模式，同时要坚持用地与养地相结合，提高农业综合生产能力。

1.1 遵循主次分明原则

农作物间套作首先要保证主作物生长所需的光、热、水、肥充足，保证其正常生长的前提下，兼顾间套作物的生长需求。例如，马铃薯与白芸豆占地比例为2∶1，有利于通风透光，保证间套作物的光、热、水、肥的正常需要。

1.2 "一早一晚"原则

按照农作物品种生育期，栽培时要根据"一早一晚"原则，即主要农作物的成熟期应该更早，副农作物的成熟期应该更晚，保证主农作物收获后，光能充分被副农作物吸收，提高生产产量和质量。利用生长"时间差"，选择作物生长前期、后期或利于蔬菜生长但不利于病虫害发生的季节套作。

1.3 "一胖一瘦""一高一矮"原则

按照农作物的株型，尽可能根据"一胖一瘦""一高一矮"来进行搭配，将高秆农作物与低秆农作物搭配种植，组成一个良好的复合群体，让每一种农作物都享受到较好的通风条件。例如，新植的果园套种花生、大豆、蔬菜等较矮的农作物，可以极大地利用空间差，充分利用土地资源。利用生长"空间差"，选用不同高矮、株型、根系深浅的作物间作套种。

1.4 "一深一浅"原则

按照根系分布，尽量以"一深一浅"作为搭配，深根的农作物最好和喜光的浅根农作物一起种植，提高土壤中水分的利用率，减少资源消耗，提高种植产量。例如，玉米与豆类间作，玉米为须根系，豆类为直根系，可吸收利用土壤不同层次的养分和水分。

1.5 "资源需求互补"原则

1）按照肥料需求

如禾本科作物与豆科作物套种，有利于作物对不同肥料的需求，做到用地与养地相结合；玉米与甘薯间作，玉米需氮素较多，而甘薯需磷钾较多。

2）按照作物对光能的需求

选择喜光作物与半阴作物搭配、阔叶作物与针叶型作物搭配，有利于作物充分利用光。

3）利用病虫发生条件的"生态差"：综合"土壤—植物—微生物"三者关系，运用植物健康管理技术原理，选择适宜作物间作套种。

利用不同科属作物对养分种类的吸收不完全一致的特点，有利于保持地力和防止早衰。

1.6 "作物间相克相生"原则

按照病虫害防治方法，间套种的作物要对病虫害有相互制约的作用，要有利于抑制病虫害的发生（图 2-3），可减少农药的施用量，减少因病虫害造成的损失。利用引起病虫害的"病虫差"：在确定间作套种方式时，为避免病虫害的发生和蔓延，不宜将同科的蔬菜搭配在一起或将具有相同病虫害的作物进行间套作。另外也可使病原菌和害虫失去寄主或改变生态环境，减轻、消灭相互间交叉感染和病虫基数积累，降低病虫害发生危害。

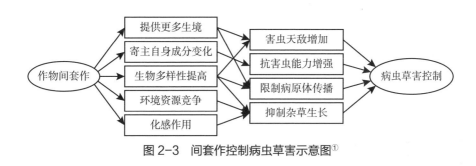

图 2-3　间套作控制病虫草害示意图①

2. 作物间套作关键技术应用

2.1 合理的种植制度

蔬菜生产基地应采用包括豆科作物或绿肥在内的至少 3 种作物进行轮作；在 1 年只能生长一茬蔬菜的地区，允许采用包括豆科作物在内的 2 种作物轮作。合理轮作、发展间套作是有机蔬菜生产中一项重要的技术措施。

---

① 苏本营，陈圣宾，李永庚，等. 间套作种植提升农田生态系统服务功能［J］. 生态学报，2013，33（14）：4505-4514.

间作、套种的类型主要有以下几种：

（1）菜菜间套作

葱、蒜类同其他科蔬菜间作，番茄和甘蓝套种，平菇与黄瓜、番茄、豆角间作等。

（2）粮菜间套作

玉米与瓜果等蔬菜间套作，如玉米行内种黄瓜，可防止黄瓜花叶病发生；玉米行内栽种白菜，可减少白菜的软腐病和霜霉病的发生。

（3）果菜间套作

葡萄与蘑菇、草莓间作，枣树与豆类、西瓜等蔬菜间作，设施桃与草莓间作、山楂与蔬菜间作、大棚杏与番茄间作栽培等。

（4）花菜间套作

万寿菊、切花菊、郁金香、菊花、玫瑰等与蔬菜间套作。如万寿菊等与蔬菜间作后，可预防多种虫害。

（5）草生栽培

在作物的行间种植各种杂草或牧草，以增加生物的多样性，减少蒸发，保护天敌，培肥土壤，防治病虫杂草等。在日本的许多果园和菜地普遍种植苜蓿属植物红三叶草，生长到30厘米左右时进行割草作业，留2～5厘米长的基部，其他部分作堆肥后还田，以改善土壤结构，提高土壤肥力。

（6）林菜间套作

可分为林菌类、林菜类间套作等。

蔬菜间作套种组合适宜情况参见表2-1。

表2-1　有机蔬菜间作套种组合

蔬菜	宜间作套种作物	不宜间作套种作物
番茄	洋葱、萝卜、结球甘蓝、韭菜、莴苣、丝瓜、豌豆	苦瓜、黄瓜、玉米
黄瓜	菜豆、豌豆、玉米、豆薯	马铃薯、萝卜、番茄
菜豆	黄瓜、马铃薯、结球甘蓝、花椰菜、万寿菊	洋葱、大蒜
毛豆	香椿、玉米、万寿菊	

续表

蔬菜	宜间作套种作物	不宜间作套种作物
玉米	马铃薯、番茄、菜豆、辣椒、毛豆、白菜	
南瓜	玉米	马铃薯
马铃薯	白菜、菜豆、玉米	黄瓜、豌豆、生姜
青花菜	玉米、韭菜、万寿菊、三叶草	
萝卜	豌豆、生菜、洋葱	黄瓜、苦瓜、茄子
菠菜	生菜、洋葱、莴苣	黄瓜、番茄、苦瓜
生姜	丝瓜、豇豆、黄瓜、玉米、香椿、洋葱	马铃薯、番茄、茄子、辣椒
洋葱	生菜、萝卜、豌豆、胡萝卜	菜豆

有机蔬菜栽培中间套作要注意的问题。

（1）注意合理组配

在蔬菜的组配中必须考虑植株高矮、根系深浅、生长期长短、生长速度的快慢、喜光耐阴因素的互补性，选择能充分利用地上空间、地下各个土层和营养元素的作物实施间套作，并尽量为天敌昆虫提供适宜的环境条件。

（2）注意种间化感作用

蔬菜在生长过程中，根系常向土壤中排放一些分泌物，如氨基酸、矿物质、中间代谢产物及代谢的最终产物等。不同种类的蔬菜，其根系分泌物有一定的差异，对各种蔬菜的作用也不同。因而在安排间作套种组合方式时，要注意蔬菜间的生化互感效应，尽量做到趋利避害。只有掌握各类作物分泌物的特性，进行合理搭配、互补，才能达到防病驱虫的目的。

除了轮作、间套作外，其他系列的栽培技术也都需要有目的的综合运用。通过调整作物合理布局，选择适宜播种期、培育壮苗、嫁接换根、起垄栽培、地膜覆盖、合理密植、优化群体结构、合理植株调整等技术，创造一个有利于蔬菜生长发育的环境条件，使作物生长健壮，增强抗病虫杂草的能力，以达到优质、高产、高效的目的。

2.2 合理的田间管理技术

2.2.1 播种准备、适时播种

种植前，对耕地进行整地施肥，在前茬作物收获之后对土地进行深翻晾晒，要对垄间进行除草，根据不同的农作物需求，合理进行肥料施用；间套作种植技术要求主作物和间套作物种植期适宜。按照作物不同的生育期进行合理安排种植期，一般来讲，首先种植主要农作物，主要农作物播种后种植间作农作物，主要农作物收割后种植套作农作物；

2.2.2 田间养分水分管理

选择豆科蔬菜及绿肥等能利用根瘤菌固氮的作物间套作，有利于培肥土壤。注意协调作物对光、肥、水需求的矛盾。注意选择高产、易种（省工省力、病虫害轻）或肥水管理相近的作物间套作，并采用大、小畦或大、小行间作，通过适当加宽行距、缩小株距等方式，合理进行间套作。根据作物的实际生长情况对其进行相应的田间管理，例如灌溉、除草及追肥等。另外，不同类型的农作物可能需要不同的措施，如对于果树来说，间作中，要留足树盘，以保证果树营养面积和充足的肥水供给。增挂反光幕，铺设反光膜，努力增加群体光照，促进果实品质和整体效益的提高。

2.2.3 搞好病虫害的预测预报

掌握作物病虫害发生规律、主要种类，为害的作物等情况。在此基础上，选择适宜作物间套作，注意在同一间作套种组合方式中，各种蔬菜不能有相同的病虫害。

2.2.4 地膜覆盖技术

大力推广地膜覆盖间套种技术，解决旱地作物普遍缺乏水源等问题。地膜覆盖间套种技术，可以提高地温、保持土壤适量水分，减少杂草，促进作物早生快发。提早间套作物的种植期和采收期，保证作物的产量和质量。

2.2.5 适时休耕

适时轮作倒茬、适度休闲，或停止间作，尽量降低因长期间作套种导致的生态环境失衡，减少对农作物生长和增效产生的负面影响。

2.3 豆科与非豆科间套作

2.3.1 因地制宜，选择模式

间套作体系内作物合理的搭配和组合是其增产的重要保证，共生期体系内两种作物必然发生相互作用，且间套作作物的相对竞争能力受环境影响较大，特定环境条件下的最佳作物组合及品种搭配并不一定适应所有的种植区域。所以不同地区确定种植模式时，应从本地的种植业区划和农业生态类型特点出发，考虑当地自然资源特点和市场需求情况来确定，实现生产要素和资源的最佳配置，提高单位面积产量和种植效益。例如，在陇东半湿润地区，充分利用苹果产业优势，推广幼林果园间套作大豆栽培模式；在中部沿黄灌区，以地膜覆盖技术为依托，打破种植结构单一的局面，大力推广早熟马铃薯、春小麦、西瓜、胡麻等间套作豆科作物的栽培模式，实现光、热、水、肥高效利用。另外，应注意作物间高秆与矮秆（玉米／大豆）、深根与浅根（小麦／大豆）、喜阳与耐阴（大豆／马铃薯）、圆叶与尖叶（大豆／胡麻）及不同熟期的品种之间的合理搭配，减轻作物之间的相互影响，依据试验示范结果，选定最佳种植模式。

2.3.2 精细整地，平衡施肥

前茬作物收获后及时进行深耕深翻，有灌溉条件的区域及时灌水施肥，耙糖镇压。干旱、半干旱区域充分利用秋冬降水蓄墒保墒，播前进行精细整地。部分地块还需喷施除草剂、杀菌剂、土壤调理剂进行土壤消毒、调理和除草灭病。充分发挥豆科植物养地、肥地的特点，根据不同作物需肥成分的不同和土壤肥力情况，合理选用肥料种类、实行配方平衡施肥，优化施肥方案、把握施肥时期、改进施肥方法、减少施肥量，建议推广使用有机肥料和生物缓释肥料，提高肥料的利用效率、改良土壤结构、培肥地力。

2.3.3 科学管理，防虫治病

间套作高产高效种植模式是两种或两种以上作物组配的复合群体，在田间管理方面，甘肃不同生态区应将促控结合的水肥管理和防害减灾技术措施作为管理的重点内容，主要采取科学灌水、平衡施肥、合理追肥、化学防控、防虫治病等措施。水肥管理既要考虑区域灌水时间及周期，还要按照组内各种作物的需水需肥规律进行统筹安排、合理灌溉。防害减灾要狠抓病、虫、草害的预测和综合防治。建议采取播前药剂拌种、种子包衣、土壤消毒及封闭除草等措施,作物生长期还可根据预测预报情况,及时进行中耕锄草、田间化学药剂喷施等综合防治措施。建议推广高效、内吸、低残留的农药品种,落实普及不同生态区各间套作模式主要病虫害综合防治技术,将灾害损失降低到最低限度。

3. 间套作模式案例

3.1　玉米－大豆间套作模式

3.1.1　品种选择

间套作模式的主要特点就是利用作物在时间和空间上的分布差异提高光能利用率,促进产量提高,为满足这一要求,玉米－大豆带状复合种植模式中,玉米应选择紧凑或半紧凑型品种,增大透光率,以满足低位作物大豆对于光能的需求,促进大豆叶面积指数升高、茎粗增加、干物质积累量提高,促使群体整体产量较高;大豆品种宜选择晚熟、耐荫性较好的品种,晚熟品种的叶面积指数、叶绿素总含量、苗期光合速率、单株结实荚数和产量均较高。此外,品种对大豆蛋白质和脂肪含量的影响大于播期,中熟品种的脂肪含量较高,晚熟品种的蛋白质含量较高。

3.1.2　播期和密度

玉米适期早播和适度密植有利于产量的提高,玉米收获期提前可以缩短与大豆的共生期,保证大豆生长期间适宜的株高、较大的茎粗、理想的叶面积指数和比叶重,利于大豆产量的形成,有利于玉豆套作体系总产量和总产值的提高。播期对套作大豆的生育期、叶片光合特性、干物质转化、可溶性糖、全氮含量、产量及品质均产生较大影响,适当晚播有利于提高大豆花后的干物质积累、群体生长率、荚果分配比率及单株粒数,中晚播大豆幼叶叶绿素含量及光合速率均较高,晚播有利于单株结实荚数和百粒重的提高;品质方面,适时早播有利于蛋白质和淀粉含量的提高。吴海英等的研究表明,四川东北地区套作高蛋白大豆的适宜播期为 6 月中旬和下旬，晚播有利于提高脂肪含量。玉米不同密度对大豆茎叶形态的影响主要体现在玉米收获前、后期影响效应无显著差异，但大豆在玉米高密度下的产量显著低于在玉米中、低密度下的产量；玉米产量则是以中密度下的产量最高。大豆的适宜密度有利于提高花后的干物质积累、群体生长率、荚果分配比率和产量。

3.1.3 玉豆带宽幅比配置

玉米 – 大豆带状复合种植模式中种植条带的宽窄以及带上玉米、大豆的幅比直接影响两种作物的空间分布，会对群体产量产生直接影响。带宽的配置对群体的养分分配、干物质积累及产量都会产生显著的影响，适宜的玉豆带宽幅比配置有利于套作大豆农艺性状改善和套作群体产量增加。廖敦平的研究表明，在玉米 – 大豆带状套作体系中，玉米的竞争能力强于大豆，但是随着窄行行距的增加，竞争强度上大豆逐渐增强，玉米减弱。适宜的带宽和幅比因品种及试验设置结果存在差异，田间种植时应进行对比试验选择适宜配置。

3.2 甘蔗套种鲜食玉米的关键技术措施

3.2.1 土壤选择

选择土壤结构好、保水能力强、肥力较高的甘蔗地套种玉米，特别是土壤质地为沙壤土的甘蔗地间套种玉米，玉米和甘蔗产量都高。土块过大、熟化度低、地力较瘦、过于干旱的甘蔗地，单种甘蔗都长不好，再间种玉米则难以获得成功。

3.2.2 甘蔗行距

采用标准化种植，甘蔗行距宜大不宜小，行距达 1.2 米。通过提高甘蔗的单茎重来提高甘蔗产量，前提是水肥管理和病虫害防治跟得上。甘蔗行距一般在 1 米左右都适合套种鲜食玉米。

3.2.3 科学选种

选用通过审定、矮秆、早熟、适宜密植、优质、高产、抗逆性强的玉米品种。最好是甜玉米或糯玉米等鲜食玉米，这些鲜食玉米售价好、效益高。选择早熟、矮秆的玉米品种套种在甘蔗地对甘蔗的生长影响很小。如 3 月 10 日前将玉美头 601、玉美头 602，间种在行距为 1 米、株高在 1.6 米左右的甘蔗地里。如作鲜玉米出售，在 5 月初可开始采收，最迟 6 月初就采收完毕，基本不影响甘蔗的生长。

3.2.4　甘蔗地间套种玉米时间

新植甘蔗在播种后，若气温在 15℃以上，即可将玉米播种到甘蔗行间，确保玉米种子能在播种后 8～10 天齐苗，以使玉米健壮生长；宿根蔗在砍蔗后破垄松蔸，在 3 月中旬之前将玉米种下。甘蔗地间套种鲜食玉米要安排好时间差，以甘蔗进入伸长期前将玉米收获为原则以免影响甘蔗生长。

3.2.5　甘蔗间套种玉米，必须施足基肥

甘蔗和玉米都是高耐水肥且需肥量大的高产作物播种前要施足基肥。一般每亩施复合肥 100 千克或者过磷酸钙 100～150 千克、尿素 5～6 千克、氯化钾 5 千克；同时拌入 3% 辛硫磷颗粒剂 4 千克于种甘蔗时在植沟内均匀撒施，以防止地下害虫，与腐熟的农家肥混施效果更好。

3.2.6　甘蔗和玉米的种植密度

行宽 1 米左右的蔗地，每 1 米下蔗种芽数要保证达 10～12 个有效芽。种植甘蔗并覆盖地膜后在地膜的边缘挖穴种玉米，穴距为 80～100 厘米，每穴播 2～3 粒玉米种子，盖土压实。这种种植方式比较保温防旱，利于玉米出苗，可减少播种玉米的工作量，保证玉米有足够的株数，利于玉米授粉，增加玉米产量。在抓得及时、管理到位的前提下，在水肥条件好的蔗地间套种玉米密度可达每亩 1200～1400 株，以增加经济效益。

3.2.7　加强管理促使甘蔗和玉米协调生长

玉米出苗后要注意防治地下害虫。玉米出苗时，各种作物基本收完，此时的玉米苗是各种害虫，特别是地下害虫的重要食料，因此要特别注意防治。这也是确保甘蔗间套种玉米成功的重要环节。

及时追肥，玉米拔节期（5～6 叶期）每亩用 10 千克左右尿素、氯化钾 7～8 千克；到喇叭口期（10～11 叶期）再用 15 千克左右的尿素和氯化钾 4～5 千克追施一次。在土壤湿润时全田施下后盖土，对甘蔗和玉米生长都有利。

3.2.8　适时收获

鲜食甜、糯玉米适宜在乳熟期采收，一般在雌穗吐丝授粉后。甜玉米授粉后 20～24 天、糯玉米授粉后 25～30 天、玉米授粉后 25～30 天即可采收；

作为青饲料的玉米可在结苞前砍收；收获后要及时把玉米根、秆清理出甘蔗地以免影响甘蔗培土和生长。

3.3　马铃薯－玉米－蔬菜间作套种栽培技术

3.3.1　马铃薯的栽培技术

（1）选择良种

选择早大白、克新6号、费乌瑞它、东农303、尤金等早熟高产马铃薯品种进行种植。

（2）播种准备

选择形状规整、色泽鲜亮、大小在100克左右的种薯，要求种薯表皮无龟裂、无坏死芽、病斑等，在播种之前将其切块，大小为30克左右，确保每一个种块上都有顶芽，用草木灰拌种。对耕地进行整地施肥，在前茬作物收获之后对土地进行深翻晾晒，要求垄高20厘米左右，垄面宽60厘米。在播种之前施用基肥，以人、畜粪等有机肥为主，配合施用磷肥和钾肥。每亩地保证施用有机肥1800千克左右，再施用磷肥20千克、尿素8千克、钾肥25千克，或者可以施用150千克草木灰。将有机肥顺垄沟盖于薯种，化肥以及复合肥采用穴施的方式在两薯之间施用。

（3）适期播种

在长江以南、嘉陵江中下游，可以在11月进行秋播，主要用于菜用型，次年3月进行春播，粮菜兼用型，在垄上开出约20厘米宽的播种沟，播种深度为15厘米，以25厘米的间距摆放薯块，种芽向上，每亩秋播7000株左右、春播6000株左右，之后覆土并整平垄面，也可覆盖地膜防止水分蒸发和减少病、虫、草害。

（4）田间管理

在垄面整平之后，每亩以50～70克50%的乙草胺兑水50千克进行喷施除草，喷施后立即覆盖地膜。在马铃薯的生长过程中，必须做好水肥管理，同时还要做好马铃薯早、晚疫病以及二十八星瓢虫的防治。在马铃薯的开花期和块茎膨大期，保证土壤水分达到60%左右。

3.3.2　玉米的间作栽培技术

（1）选择良种

选择适合与马铃薯间作套种的玉米品种，如：食用型香糯28号、花糯1号、中糯1号和粮用型郑单、掖系列等矮秆型品种。

（2）播种准备

在玉米播种前需要对垄间进行除草、中耕，在垄间挖约15厘米左右的定植窝，每亩施用40～50千克的玉米专用肥作为底肥，覆土5厘米左右，进行玉米的播种。

（3）适期播种

在4月上旬播种玉米，播种前需要对玉米种子进行晾晒，连续晾晒2天，提高玉米的出苗率，或者选用30%的多克福种衣剂对玉米进行包衣以将玉米出苗的时间提前，药种比例为1：70。种窝间距为20厘米，每窝播种2粒，每亩约播种食用型玉米4500株或粮用型玉米3500株，覆盖营养土并及时浇灌定根水。

（4）田间管理

在玉米出苗拔节期间，每亩施用60千克的45%的玉米专用缓释肥，以控制玉米的株高。当玉米生长到大喇叭口期的时候，需要追施攻苞肥，每亩约施用尿素75千克，在这期间，要注意对其进行中耕、除草。注意病虫害的防治，重点防治玉米螟。在玉米定苗期间，及时培土防倒，发现断苗及时补苗。

3.3.3　白菜的套种栽培技术

（1）选择良种

选择红心白菜、龙白7号或抗病铁将军进行套种栽培。

（2）播种准备

在马铃薯收获之后，及时进行整地起垄，要求地面平整，便于白菜的播种、灌溉以及田间管理，白菜生长迅速，必须适时进行大量施肥，在播种之前做好基肥的施用，以腐熟的人畜粪、堆肥等有机肥为主，每亩施用有机肥2000千克以上，均匀铺洒后再起垄。

（3）适时播种

在马铃薯收获、整地完成之后进行播种，采用点播的方式，播种密度约为每亩地 3500 株左右，保证两株白菜之间的株距为 35 厘米左右。

（4）田间管理

在白菜播种后 7 天左右要进行植株的检查，及时发现断苗、死苗等情况，并及时进行补种。在定苗之后进行追肥，每亩约施用尿素 20 千克，如土壤干旱，则需要进行一次小水灌溉，白菜进入结球期需要进行二次追肥，每亩约施用尿素 30 千克，磷肥 20 千克，结合灌溉进行施肥。做好除草和病虫害防治工作，保证其能够正常生长。

3.4 幼年果树间套作香酥芋优质高产栽培技术

3.4.1 土地准备，施足基肥

香酥芋不宜重茬，在确保果树生长空间的情况下，应选择土壤肥沃、保水排涝方便的田块。土壤冬翻、熟化，确保疏松透气。最好在排水沟的两边或排水沟内每亩条施腐熟的厩肥、禽肥 350～450 千克和尿素 5～10 千克，以利于芋艿根系及球茎生长。做好畦沟、边沟、腰沟、出水沟，做到能灌能排。

3.4.2 适时播种，合理密植

适时播种是争取香酥芋一播全苗、早产高产的基础。根据生产经验，直播地膜香酥芋应在 3 月上旬播种，最晚不迟于 3 月下旬。播种前精整地，在施足基肥的基础上，每亩用含硫高效复合肥 11 千克作种肥，均匀撒施在播种沟内。播种沟深度为 10 厘米左右，下种前先撒 2 厘米细土，然后播种，确保芋种与种肥隔开。精选芋种，大小芋分开种植。为了便于培土，一般采用沟系 40 厘米内种植 1 行芋种，行距 75 厘米，株距 25～30 厘米，每亩密度 630～760 株，也可在排水沟的两侧各种植 1 行。芋种顺沟横放排列于行内，芋头方向一致，以确保出苗均匀，防止有凹塘造成积水。为确保齐苗，可于 3 月上旬采用小环棚地膜方式进行催芽。

3.4.3 田间管理

（1）除草覆膜

香酥芋播种后及时覆膜，可双行覆盖（宽度为 120 厘米），也可单行覆盖（宽度为 60 厘米）。如遇下雪，要及时清除地膜上积雪。

（2）揭膜

香酥芋出苗后，要及时破膜，防止高温烧苗，破膜口要尽量小，2～3天破膜1次。一般夜间最低温度10℃以上时，可以揭膜，时间掌握在小满节气前后，去膜后及时松土、除草和壅土。

（3）施肥

香酥芋生长期较长，需肥量大，耐肥力强。除施足基肥、种肥外，还须多次追肥，一般苗高10厘米或揭膜后，要追施提苗肥，每亩用尿素2.2千克、磷肥6千克加碳铵6千克拌和后调水施入，然后进行1次小壅土。施肥时要防止肥料粘在芋叶上导致烧苗。5月下旬—6月下旬苗高40厘米左右时要及时施重肥、壅土，每亩用含硫高效复合肥11～13千克，用土把复合肥和青杂肥埋在芋基部，壅土高度25～30厘米（沟底至垄面高度）。同时及时清除主茎外的侧枝。

（4）浇（灌）水

香酥芋喜湿润，忌干旱，怕积水。特别在植株生长旺盛期需水量大，应保持土壤湿润。干旱季节每5～7天浇（灌）水1次，高温季节应在后半夜灌水，保持满沟，让土地湿润后排掉，不能漫灌，有利于球茎生长发育。雨季注意排水防涝。8月上旬以后，香酥芋处于生长后期，浇水要适量，保持土壤湿润即可。

（5）采收

采用香酥芋地膜覆盖种植时，一般在9月下旬可以采收上市，根据市场行情及时销售以取得最大的经济效益。

（6）芋种的存放

芋种存放的关键在于防止干芋和腐烂，根据存放的经验，一般采取在屋内用黄沙覆盖存放。具体做法，先在地面铺5厘米厚的黄沙，把芋种均匀地堆放在上面，堆放高度以不超过50厘米为宜，然后用铁锹把黄沙撒在芋种上面，厚度为5～10厘米，注意通风透气，控制芋堆内的湿度，寒潮来时应紧关门窗，确保堆内温度。

3.5 葡萄－大蒜间套作技术

3.5.1 品种选择

葡萄品种为夏黑无核，大蒜品种为华农 2 号、华农 3 号、早熟大蒜、直薹大蒜等早熟品种。

3.5.2 葡萄架式选择及大蒜种蒜处理

葡萄选用一年生营养钵自根壮苗，定植株行距为 1.5 米 ×3.0 米，南北行向。采用双"十"字架和"T"树形。立柱高 3.0 米，埋入土中 50 厘米，立柱间距 4.5～6.0 米、行距 3.5～4.0 米。在立柱上距地面 1.0 米处拉第一道钢丝；距地面 11.45 米处架设第一个横担，横担长度 60 厘米；再距地面 1.8 米处架设第 2 个横担，横担长度 1.2 米；在横担两端各架一道铁丝用于引绑葡萄新梢，立柱顶端架一道钢丝用于架设护鸟网。树形干高 1.0 米，干上培养 2 个大小相当的侧蔓，每个侧蔓上培养结果部位，同侧结果部位相距 25～30 厘米，新梢呈"V"形引绑。该架式葡萄叶幕呈"V"形，叶片受光面积大，防后期日灼；枝成行向外倾斜，方便整枝、疏花、喷药等管理工作，更利于后期定梢定穗、控产，从而实现规范化栽培。

大蒜选择蒜粒饱满、色白、无破损、无霉变、无病虫危害的蒜种，百粒质量 300～500 克。将选好的蒜种先用井水浸泡 12～15 小时，再用 10% 石灰水或 50% 可湿性甲基托布 200 倍液浸泡 30 分钟，再用 0.2% 磷酸二氢钾水溶液浸 4～6 小时，捞出后播种。

3.5.3 适期播种，合理间套种

大蒜于葡萄秋施基肥结束后 10 月初定植于葡萄行间。行距 20 厘米，株距 10～12 厘米，每个葡萄行间种植 10 行大蒜。大蒜播种时蒜瓣的圆背面朝一个方向，以确保生长后期叶片互相间不遮光。播种后浇透水，喷洒除草剂覆盖地膜。薄膜选用宽 2 米、厚 0.004 毫米的白地膜，播种后及时覆盖畦面，地膜要拉平压紧，让地膜紧贴地面。建议使用可降解地膜。

3.6 农林复合间套作模式

当前，"农林"复合型生态农业经营模式在我国比较普遍，形式各异。如

典型的南方"滩地上开沟作埭，埭面栽树，林下间作农作物"的模式。这一模式的主要特点是农林牧渔的有机综合和统一，因地制宜地综合利用资源。

"林木混交型"是指用材林和经济林混交或经济林树种混交，如香樟与茶树混交（图2-4）、香椿与花椒混交等。"林－药间作型"指在已郁闭成林的林冠下土地上，种植各种药用植物，药材品种主要有芍药、桔梗、麦冬、白术、贡菊、五味子、党参、金银花、板蓝根等。"林－食用菌结合型"是指在林内栽种竹荪、茯苓、黑木耳、鸡腿菇、金针菇、栗蘑等。"林－资源昆虫型"是指在林内养殖蜜蜂、白蜡等资源昆虫，在得到林产品的同时，还能得到蜂蜜等副产品。

图2-4　福建漳州的林－茶复合系统

"林－农"复合型是林业（果业）和农业复合经营的传统模式，是指在同一土地上将林木（果树）和粮食、蔬菜等农作物相结合种植的经营模式，也可称为"林下经济"。具体来说，根据同一土地上，林木（果树）和农作物种植的比例组成不同，我们又可以将"林－农"复合型生产方式分为"林为主、农为辅""林、农并举"和"林为辅、农为主"三种经营模式。

当前，我国常见的"林－农"复合模式主要有林为主、农为辅的农林兼做型，如在杉类林、栎类林、杨树林、核桃林、香椿林、桑树林、果林（苹果、桃）等林下，因地制宜间种低杆的农作物或经济作物，如水稻、小麦、豆类、西瓜、花生、马铃薯等。这一模式主要在我国丘陵、山区等林木资源较为丰富的地区。

另外，当前我国平原地区较为常见的"林－农"复合模式为农田林网型，该模式属于"林为辅、农为主"的模式。其林木种植很大程度主要起防风固沙、涵养水源、改善农区生态环境、保障农业生产的作用，而且能带来木材和林副产品。这一模式通行于我国 13 个粮食主产区。

第三节　作物与微生物共生系统及应用

1. 植物共生微生物的多样性和绿色农产品生产

1.1　植物共生微生物的种类

微生物是肉眼看不见或无法看清的微小生物的总称。它们都是一些个体十分微小（一般＜ 0.1 毫米）且构造简单的低等生物，初步划分起来，微生物包括细菌、病毒、真菌以及一些小型的原生生物、显微藻类等在内的一大类生物群体。著名微生物学家卡尔·韦斯（Carl Richard Woese）曾指出，"就算我们将地球表面所有多细胞生物（包括植物与动物）都完全消灭，微生物群落也几乎不会受到影响，但倘若微生物群落遭到破坏，地球上的所有生命形式都将瞬间被消灭"。

在植物的生长过程中，离不开与微生物的共生。植物－微生物的互惠共生在整个生命与陆地生态系统中都具有很重要的作用，且二者的共生关系对于生态系统功能的稳定性同样具有重要意义。

植物与细菌的共生关系丰富且多样，由罗布·奈特（Rob Knight）教授通过微生物学家科技大合作完成的全球微生物组计划结果显示，全球不同生态类型中，植物根际的微生物多样性是最丰富的。研究者们发现，一种植物中能够分离出高达数百种共生细菌，包括各类光合细菌、根际促生菌以及固氮细菌。光合细菌能够通过自身的代谢活动，参与植物的各类生理过程，包括提升抗逆性以及提升植物吸收养分的能力等；根际促生菌则能通过分泌铁载体、生长素等促进植物生长与提升植物抗逆性的相关物质来促进植物生长；固氮细菌能够减少氮肥的施用量，以生态友好的策略为植物提供其所需氮元素。

植物与真菌的共生关系同样引人关注，其中丛枝菌根真菌、外生菌根真菌等真菌中最重要的共生真菌。丛枝菌根真菌的起源甚至能追溯到亿年前，与植物共生的研究与报道也一直是研究者们关注的对象，在农业生态管理系统方面有着重要作用。研究表明，在植物生长中，大约有 20% 的植物光合净初级生产力被分给了丛枝菌根真菌，用于维持与扩展土壤中的真菌菌丝网，从而进一步为植物提供其所需的养分，丛枝菌根真菌还能够控制根系病原体及其激素的产生，提高植物抗病性。

除细菌与真菌外，病毒与植物的共生关系同样需要研究者们的重视。自1892 年生物学家伊凡诺夫斯基（Dimitri Iosifovich Ivanovsky）在染病的烟草植株中发现病毒后，人们便开始对病毒这类体积小于细胞的物种进行更加深入的研究。病毒对植物生长极易造成严重的破坏，它们不仅能暂时性休眠，还能在植物不健康或受到胁迫时暴发，利用极快的变异速度不断产生新的毒株，最终导致植物死亡。但随着研究的深入与相关科学技术的发展，研究者们逐渐发现病毒与植物之间存在着特殊的共生关系，例如部分病毒与植物的共生能够使病毒成为植株的一部分并有助于植物生存，且病毒与植物的共生具有提升植物抵御胁迫的功能等。

因此，微生物与植物共生是一个非常普遍的自然现象，无论是在自然生态系统还是在农田生态系统，对植物的生长都是具有重要意义的。

1.2 作物根际微生物与农产品生产

根际微生物促进植物生长，首先需要在植物根际定殖。植物根际微生物在根部的定殖是指微生物在植物原有根际微生物群落的竞争下，能在土壤中沿根系的分布、增殖和长期存活。根际微生物促生作用的发挥与在根际的定殖存在紧密的联系，微生物只有在植物根际定殖，植物才能通过根系持续为微生物提供生长所需要的营养，微生物才能持续促进植物生长，形成良好稳定的互利关系。影响根际微生物定殖的因素包括非生物因素和生物因素两种，非生物因素如土壤的理化性质，生物因素如土壤中的原生菌群、根系分泌物等。各种影响因素中最重要的是根系分泌物，根系分泌物除了可以改变土壤环境和结构，还提供植物促生菌生长定殖的营养。根际微生物在植物根际定殖后，通过多种方式影响根际分泌物的产生，促进植物生长。

根际微生物促进植物生长的机制可以分为直接作用和间接作用。直接作用就是指根际微生物能够生成直接促进植物生长的物质，这些物质可能促进有机质矿化、帮助生物固氮、促进根系生长。例如产生促进土壤中铁元素被植物利用的铁载体、固定空气及土壤中的氮素为自身和植物利用、溶解土壤中不溶性磷的有机酸或胞外磷酸酶，还有些根际微生物可以分泌生长素，在促进植物生长的同时提高植物的抗性。

间接作用是指某些植物根际微生物可以降低和抑制病原菌对植物生长和产量的影响，具体体现在根际促生菌对病原菌生长、定殖与扩散的抑制作用，以及对植物的诱导抗性。例如，根际微生物通过与病原菌在根际的营养竞争，影响病原菌的生长定殖；根际微生物分泌脂肽类物质，直接破坏病原菌的菌丝结构，抑制病原菌的生长。

细菌和真菌也可以通过诱导植物系统抗性，增强植物的防御能力，抑制病原菌的生长。微生物定殖根系后，生成一系列抗性诱导剂，如细菌脂多糖、铁载体、脂肽、抗生素等，诱导植物产生抗性。如翁杰纳（Ongena）等人在大豆和番茄植株上进行的实验表明，接种番茄细胞后，枯草芽孢杆菌中丰原素的生物合成基因被表达，生成的脂肽化合物作为启动防御机制的信号被植物识别，参与激活脂氧合酶合成途径的关键酶。通过脂氧合酶途径合成的茉莉酸甲酯、茉莉酸酮酸和7-异茉莉酸都可激活植物的防御基因，当病原菌再侵染时，植物的防御反应增强，病原菌生长被抑制。

1.3　作物叶际微生物与农产品生产

叶际微生物既包括会导致植物发病的病原菌，也包括能够促进植物生长的促生菌。很多叶际促生菌具有产生植物生长激素、固氮、抑制病原菌生长定殖等的能力，有助于调节植物的生长。叶际微生物调节植物生长的作用机理主要有两方面：一方面是促生菌通过抑制病原菌的生长，间接促进植物生长；另一方面是通过分泌物等方式直接调节植物的生长。

叶际细菌和真菌也可以抑制病原菌的生长。叶片上存在多种能够抑制病原菌生长的促生细菌，如解淀粉芽孢杆菌定殖于植物叶片后生成多种脂肽类物质，能够破坏病原菌菌丝的结构，有效抑制病原菌的生长。在叶际促生真菌方面，*Pesudozyma flocculosa*（一种丝状真菌）能够有效地防治白粉病菌，其分泌对白粉病菌有害的胞外脂肪酸，导致白粉病菌的细胞膜分解破坏，从而抑制病原菌在植物叶际的生长。

叶际细菌和真菌直接调节植物生长的方式有很多种，包括帮助固氮、合成植物激素、促进营养吸收、诱导植物抗性等。叶际细菌如固氮菌拜叶林克氏菌（*Beijerinckia*）能够固定大气中的氮气，用于植物的茎干生长；一部分促生细菌通过分泌有益化学产物来调节植物生长，如产生植物生长素、细胞分裂素，直接促进植物的生长；产生尿素酶参与植物的氮素代谢，增强植物的抗逆性，间接促进植物生长。植物表皮上大量存在的气孔，为各种叶际微生物提供了良好的生长环境和进入植物的通道，其开闭特性与植物抗病性之间有着紧密的联系，通过叶际微生物的控制，关闭或打开气孔同样也可以调节植物的生长。

叶际细菌通过产生脂多糖、铁载体、抗生素等分泌物诱导植物产生系统抗性，增强植物的防御反应，从而起到调节植物生长的作用。叶际真菌在氮素和碳素等营养物质的循环中起到重要作用，有些种类则可以增强植物的抗病性。

1.4 作物内生微生物与农产品生产

有益植物内生菌具有丰富的代谢产物，能起到调节植物生长的作用，该作用的机制分为直接作用和间接作用，直接作用指的是内生菌的代谢产物作用于植物，或促进植物生长，或提高植物对病虫害的抗性；间接作用指的是内生菌直接抑制病原菌的生长定殖，间接调节植物的生长。

内生菌抑制病原菌的生长是通过在植物体内产生一些对病原菌有拮抗作用的抗菌类物质，如2，4-二乙酰藤黄酚、藤黄绿脓菌素、脓青素和一类丁酰内酯，其中2，4-二乙酰藤黄酚对黄瓜枯萎病有很强的防治作用，对小麦全蚀病菌有较强的抑制作用。有的内生菌会产生脂肽类、几丁质酶类物质，降解破坏病原菌的细胞壁或者使菌丝畸形，进而抑制病原菌的生长。一定数量的内生菌及其诱导植物产生的酚类、醌类物质在细胞间隙的积累往往构成病原菌进入植物体内或在植物体内运转的机械、化学屏障。

内生菌对植物生长的直接促进有多种方式。在植物营养吸收方面，内生菌能够提高植物对磷、钾元素的利用率，或是提高植物的固氮效率，土壤中的磷酸盐及含钾盐肥料不易被植物吸收，内生菌可以改变植物根系环境的pH值，释放胞外酸性磷酸酶，溶解磷酸盐，矿化有机磷，提高植物对磷元素的利用率；内生固氮菌定殖在植物体内，避免了外界不利因素的影响，还可以利用植物产生的能量发挥固氮作用且不形成特定的组织结构。

内生菌通过直接分泌植物生长调节素的方式对植物的生长进行调控，多数内生菌都能生成植物生长发育所需的生长素、赤霉素等生长激素，因此有内生菌的植物比没有内生菌的植物长势要好。当植物处于不利环境中时会生成乙烯，严重影响植物生长，这时内生菌就会通过产生植物激素，调控氨基环丙烷羧酸脱氨酶来抑制乙烯合成和降低乙烯浓度，从而降低非生物胁迫环境对于植物生长的影响。

内生菌调控植物的抗性作用分为两方面，一方面增强植物的抗逆性，即抗病抗逆能力；另一方面是产生抗性诱导剂，诱导植物产生系统抗性，增强其防御反应。由于内生菌长期生活在宿主植物体内，生存环境相对稳定，因此很难建立与内生菌生活相同或相似的环境模型来研究内生菌在植物体内的作用过程和作用机理。但从植物体内分离出的内生菌对植物进行抗性诱导试验，试验效果明显。纳迪姆（Nadeem）等人发现，从棉花根中分离到的9株内生芽孢杆菌都能对黄萎病菌（*Verticillium dahliae*）起到抑制作用，且对其接种促生菌后观察到内生菌能够引发植物的防御反应，其抗性相关的基因表达显著上调。

2. 有益微生物生产技术与绿色优质农产品生产

2.1 植物有益微生物在绿色优质农产品生产中的应用

植物共生微生物能够促进植物对营养物质的吸收，而植物促生微生物能通过多种机制为植物提供养分，例如固氮、溶磷与解钾，产生能促进植物生长的植物激素等。

氮磷钾对于植物根系的发育以及营养物质的运输有着极其重要的作用，微生物具有与植物共生的能力。固氮菌能通过将大气中的氮气还原为氨，或产生固氮酶使大气中的分子态氮而被植物吸收利用。解磷菌能促进土壤中难溶性磷的释放，包括细菌、真菌与放线菌，都具有解磷功能的种类。钾元素是多种酶的激活剂，解钾微生物能对硅铝酸盐矿物进行分解，将钾元素转换为植物可吸收的可溶形态，促进植物的生长发育。

此外，植物共生微生物能促进植物对微量元素的吸收，目前已经有研究指出，许多细菌与真菌能够产生一种名为铁载体的物质，该物质对铁具有强大亲和力，通过铁载体的释放，提高植物根系铁元素的含量，从而提高植物对铁元素的获取。此外，微生物能够产生螯合化合物，与锌结合形成复合体，且微生物能在植物根系表面释放出不饱和的锌元素，提高了锌的有效性。

除了促进植物吸收养分外，植物共生微生物还具有帮助植物抵御病害的作用。致病菌即病原菌会建立与植株寄主之间复杂且多变的关系，以获得病原菌自身生长所需要的营养物质，使得植株本身感染病害，甚至造成植株死亡。而在植株的进化中，它们通过改变根系分泌物来改变植株共生微生物的组成，进而使植物逐渐产生了抵抗病原菌的能力，共生微生物分泌的能够抑制有害病原微生物生长的物质主要包括蛋白类、脂肽类抗生素等。此外，微生物还可通过调控抑菌关键酶以及关键蛋白物质，刺激相关的酶、蛋白质以及抗生素等物质的生成，最终产生抑制病原菌的作用。

植物共生微生物能够帮助植物调节其抗逆性，能够促进微生物提升其在生物胁迫与非生物胁迫下的抗性。生物胁迫主要指对植物生长产生的各种不利生物因素的总称，主要包括虫害和病原菌危害等；非生物胁迫主要指在植物生长发育过程中对植物造成不利影响的外界因素，主要包括干旱、盐碱、低温、高温、重金属等。植物共生微生物在非生物胁迫方面能够通过产生酶类物质提高植物的抗逆性，例如乙烯是植物重要的抗逆激素，微生物可以合成氨基环丙烷羧酸脱氨酶调节乙烯的合成，使乙烯维持在不影响植物生长的水平，进而促进植物对于干旱胁迫的耐受能力；在盐碱胁迫方面，植物能够诱导共生微生物产生包括氨基酸在内的低分子量代谢物，并中和有毒离子，促进植物光合作用，提升植物对于盐碱胁迫的抗性；在低温胁迫与高温胁迫方面，植物能够通过分泌一系列耐寒的植物激素等降低植株对寒冷程度的敏感度，或分泌胞外多糖等物质（EPS）促进生物膜的形成，使植株具有较好的温度适应能力。

由于植物共生微生物对于植物产生的良好效应及其绿色可持续的特点，以微生物来源为基础的肥料统称为生物肥料，生物肥料是一种环境友好型的新型肥料，为农业的可持续发展起到了积极的作用，越来越受到市场的接受与认可，已经发展成为一种潜力巨大的新型肥料、特种肥料。

2.2　有益微生物真菌制剂及其应用

真菌应用范围广，农业生产上主要用于防治病虫害和促进植物生长。已知的生防真菌有 800 余种。目前，杀虫真菌中苏云金杆菌、白僵菌、绿僵菌和黄萎病菌的应用较为广泛，白僵菌是应用最广泛的杀虫剂。在我国，白僵菌主要用于防控大面积的马尾松毛虫和亚洲玉米螟，其综合防治面积超过 70 万公顷，主要通过喷洒的方式使用。作用机理是当真菌杀虫剂沾染到目标害虫后，分生孢子会以害虫作为寄主，以昆虫体为营养物质，促使自身得到生长繁殖。昆虫体养分被消耗殆尽，从而导致昆虫死亡。除此之外，某些真菌通过分泌毒素来杀死昆虫。蜡蚧黄萎病菌是一种虫生真菌，其胞外酶能分泌毒素，对昆虫体壁会造成不可逆的伤害，从而达到灭杀效果，且对多种害虫均有防效。厚垣孢轮枝菌可用来针对性治疗由线虫引起的植物病害，如柑橘黄化，且效果显著；对于促生真菌，早在 20 世纪 70—80 年代，我国开始研发应用由土壤真菌制成的孢囊 – 丛枝菌根，能显著改善植物磷素营养条件，提高水分利用率；淡紫拟青霉对植物生长发育有很好的促进作用，且能提高作物的产量和品质；

青霉菌、曲霉菌利用自身分泌的草酸、乳酸、琥珀酸、延胡索酸等有机酸，酸解难溶性矿质磷，减少被固定的磷酸根离子，生成利于植物吸收的磷。

2.3 有益微生物细菌制剂及其应用

我国植物共生微生物的研究应用起步于 20 世纪 40 年代，张宪武、陈华癸和樊庆笙等老一辈奠基人最早研究应用根瘤菌剂。20 世纪 50 年代，从苏联引进自生固氮菌、磷细菌和硅酸盐细菌剂，当时俗称细菌肥料，应用最为广泛的是根瘤菌剂，其中大豆、花生、紫云英及豆科牧草接种根瘤菌剂面积较大，实现了每公顷增产大豆 225～300 千克，增产花生 10%～50%，紫云英产草量成倍增长。到 20 世纪 60 年代，研发应用放线菌剂，研究应用 5406 抗生菌肥料和固氮蓝绿藻肥；20 世纪 90 年代以后，植物共生微生物逐步形成复合微生物菌剂、生物有机肥、复合微生物肥料等微生物肥料产品。

目前，细菌主要运用于植物病害防治和植物促生领域。将根癌农杆菌成功应用于果树根瘤菌的防治；设施栽培蔬菜苗期病害严重，将拮抗细菌与木霉菌混合施用后防治效果显著；枯草芽孢杆菌用途广泛，对多种植物的白粉病、灰霉病、赤霉病、水稻纹枯病等病害有良好的防治效果；苏云金杆菌能防治上百种害虫，杀虫广谱，对鳞翅目幼虫特别有效。现阶段，利用木霉菌制成的杀菌剂被广泛用于研究和应用，对植物叶部病害（如蔬菜霜霉病等）防治效果突出，现已被注册为农药。此外，共生细菌还可以调节植株生长，有效提高产量，提高作物品质。刘云鹏发现解淀粉芽孢杆菌 SQR9 能够有效抑制尖孢镰刀菌，SQR9 在黄瓜根部定殖后，植物根部茉莉酸和水杨酸升高，叶片乙烯含量升高，根系分泌物色氨酸的含量升高，显著促进了植株的生长及根系的发育。金莉萍研究发现多粘类芽孢杆菌 CF05 能够产生生长素 IAA，尤其在生长稳定期 IAA 含量能够维持微量增加，进而促进铁皮石斛植株的生长。解淀粉芽孢杆菌 Ba13 通过直接诱导系统抗性和增加根际有益微生物的数量增强植物对番茄卷叶黄化病的抗性，从而实现对番茄卷叶黄化病的控制，促进番茄植株的生长。哈特曼（Hartmann）等发现根际共生菌根菌有助于植物养分吸收，有效增加植物生长和根系生物量。木霉通过其强的根际定殖能力、与其余根际微生物密切的相互作用以及其代谢产物来促进植物生长。研究表明，解钾菌株 RGBC13 能显著促进番茄的生长；席琳乔等研究发现施用生物钾肥可提高棉花 30% 的产量。

放线菌是一类有着广泛实际用途的微生物资源，其中占比很大的链霉菌广泛分布于有机质含量高、酸度和含水量适中的土壤中，是最重要的抗生素生产菌。很多研究报道植物根际的链霉菌具有固氮作用，可与植物形成共生关系，促进植物的生长。近年来，我国进行了弗兰克氏菌共生固氮放线菌的研究，该菌能够诱导大范围的放线菌根瘤植物产生根瘤，并促进植物对铁元素的吸收。孙佳瑞对已获得的链霉菌 S506 进行了番茄耐盐耐寒的研究，结果表明，S506 能有效地促进番茄植株生长，缓解番茄冻害，提高番茄植株的耐盐、耐冻能力。段春梅研究发现接种放线菌 Act12 菌剂能显著增加黄瓜的生物量，增加叶面积和叶片叶绿素含量，叶面积和叶片叶绿素含量直接影响植物的光合作用能力、干物质积累以及植物抗病性。

3. 有益微生物在绿色农业中的应用案例

3.1 我国有益微生物的行业应用

我国微生物肥料产业 20 年来总体处于快速稳定的发展阶段，产业规模已经形成。目前，全国微生物肥料企业有 3000 余家，遍布我国 30 个省、自治区、直辖市，年产能超过 3000 万吨，年产值达到 400 亿元以上，应用面积超 5 亿亩，包括蔬菜、果树、甘蔗、中草药、烟草、粮食等作物。登记的微生物肥料产品种类主要四种，分别为微生物菌剂、生物有机肥、复合微生物肥料和土壤修复菌剂。截至 2022 年 3 月，获得农业农村部登记的微生物肥料产品有 9714 个，其中微生物菌剂占大约一半，其次为生物有机肥和复合微生物肥料，由于土壤修复菌剂在 2018 年才开始登记，目前总证数不到 100 个；菌种种类不断扩大，目前使用的菌种已达到 200 余种，包括细菌、真菌、放线菌等。近年来，国家相继出台扶持微生物产业发展的政策和措施，相信我国微生物肥料生产企业将迎来良好的发展机遇。

微生物肥料经过多年的发展，涌现了许多优秀的企业，中国化工信息中心、中国化肥信息中心等单位发布的"2021 年中国生物有机肥 50 强名单"前五名分别为根力多生物科技股份有限公司、湖北鄂中生态工程股份有限公司、山东庞大生物集团有限公司、深圳市芭田生态工程股份有限公司、湖北田头生物科技有限公司。

根力多生物科技股份有限公司是一家专业从事集生物蛋白系列肥料、微生物菌剂、植物营养特种肥、矿物土壤调理剂等产品研发、生产、销售、服务为一体的新型肥料生产企业、国家农业产业化龙头企业、省级高新技术企业。公司多年来一直坚持科技创新，与中国农业大学、中国农业科学院植物保护研究所、南京农业大学等多家科研院所建立合作，致力于环境友好型功能肥料的研发与产业化应用，并于 2021 年建立中国农业大学教授工作站、中国农业大学校外研究生实践基地。公司经过多年发展布局，目前下辖河北邢台威县、张家口万全，新疆库尔勒，甘肃古浪、天祝，广西隆安，海南乐东 7 个生产基地，年产能超过百万吨。

山东庞大生物集团有限公司，最早于 2001 年从事生物肥料研究与开发，以生产有机肥料、微生物肥料、微生物菌剂、水溶肥料、土壤调理剂为主要产品，目前拥有 4 条生物肥料生产线，年生产能力达 30 万吨。

深圳市芭田生态工程股份有限公司，是集研发、生产、销售、终端服务为一体的环保型国家级高新技术企业、国家科技创新型星火龙头企业，公司主营生产绿色生态肥料，成立于 1989 年，秉承"喂育植物最佳营养，守护人类健康源头"的企业使命，始终坚持以科技创新驱动企业的发展，先后荣获"中国企业专利 500 强""中国最有价值品牌 500 强企业""中国土壤肥料行业十大影响力品牌"等荣誉称号。

湖北田头生物科技有限公司，创建于 2008 年，公司主营业务为有机肥、生物有机肥和复混肥的生产和销售，年生产能力为 30 万吨，目前拥有 6 条生产线，其中 4 条粉状线、2 条颗粒线，综合日产能力可达 1000 吨。

3.2　有益微生物在生物肥料上的应用案例

3.2.1　枯草芽孢杆菌应用案例

枯草芽孢杆菌是生物肥料的常用菌种，几乎应用于当前市场中 90% 以上的菌肥中，目前市场上常见的生物肥料品种有辽宁正根源生物有限公司生产的枯草芽孢杆菌液态微生物肥、武汉科诺生物科技股份有限公司生产的 1000 亿活芽孢 / 克枯草芽孢杆菌（WG）、广州先益农农业科技有限公司生产的 50% 先益农等，可广泛用于黄瓜、番茄、西瓜、茄子、辣椒、小麦、水稻、草莓、柑橘、烟草、棉花等多种作物的生产。在柑橘上主要用于生理落果末期和果实膨大期，土壤施肥量为 200 毫升 / 株时，能促进土壤有效磷、钾的释放和植株对土壤中有效磷、钾的吸收减缓果实成熟期叶片磷、钾养分含量的下降，促进果实膨大，提高单果质量，有利于成熟期果实降酸，从而提高果实的固酸比，果实风味更浓，出汁率也有所改善。

3.2.2　贝莱斯芽孢杆菌应用案例

贝莱斯芽孢杆菌属于芽孢杆菌属的一个新种，广泛分布于自然界的水体、土壤、空气、植物根系、植株表面和动物肠道等。有研究表明贝莱斯芽孢杆菌对植物病原菌具有良好的拮抗作用，实验室或者田间试验结果显示该菌对植物具有良好的生防效果，例如促进植物生长、诱导植物系统抗性以及降低植物病害的发生等。目前市场上常见的贝莱斯芽孢杆菌生物肥料品种有广西金穗生态科技集团股份有限公司生产的微生物菌剂、根力多生物科技股份有限公司生产的土壤修复菌剂等，可广泛用于黄瓜、番茄、西瓜、茄子、柑橘等作物的生产，此外还具有抑制作物病害的功能。在番茄上主要用于苗期、盛果期、盛果中后期，能够有效抑制番茄病害，促使番茄挂果多、果子大小匀称、颜色鲜亮。

3.2.3　巨大芽孢杆菌应用案例

与其他植物促生菌相比，巨大芽孢杆菌具有更好的降解土壤中有机磷的功效，同时能够使植物有关组织细胞壁增厚，纤维化、木质化程度提高，并在表皮层外形成角质双硅层，形成阻止病菌侵袭的屏障。目前市场上常见的巨大芽孢杆菌生物肥料品种有广州微利旺生物科技有限公司生产的微立旺水溶巨大芽孢杆菌 W999 等，使用巨大芽孢杆菌菌剂能通过竞争性生长和产生次级代谢物等防治不同植物的细菌和真菌病害，如烟草灰霉病、烟草赤星病、水稻纹枯病、水稻细菌性条斑病、水稻白叶枯病、番茄青枯病、西瓜枯萎病、玉米白绢病、毛竹枯梢病、香蕉灰斑病等，同时还可抑制黄曲霉生长和黄曲霉毒素合成基因的表达。

3.2.4 解淀粉芽孢杆菌应用案例

解淀粉芽孢杆菌具有很强的抗病抑菌作用，能够有效抑制或缓解小麦纹枯病、棉花枯萎病、棉花红腐病、棉花黄萎病、黄瓜灰霉病和疫病、油菜和芹菜的菌核病、稻瘟病、辣椒枯萎病、山药根腐病、苹果炭疽病、轮纹病、腐烂病、褐斑病等各类植物的病害发生。解淀粉芽孢杆菌浓缩菌粉施用后在土壤中能够快速的大量繁衍和定植，可诱导植物自身的抗病潜能，增强植物的抗病性，促使植物自身大量分泌生长刺激素，从而促进植物的生长繁殖。

3.2.5 胶冻样芽孢杆菌应用案例

胶冻样芽孢杆菌是一种高活性菌，在土壤中繁殖生长，可以起到固氮、解磷，释放土壤中可溶性的钙、硫、镁、铁、钼、锰等微量元素。不但可以提高土壤的肥力，还可以为作物提供可吸收利用的全面营养元素，可以提高化肥利用率。目前市场上常见的胶冻样芽孢杆菌生物肥料品种有河北巨微生物工程有限公司生产的胶质芽孢杆菌菌剂等，胶冻样芽孢杆菌菌剂能够增加结实率与籽实度，提高后期采收产量，作物普遍增产10%以上，同时提高土壤早春地温，大棚设施早熟栽培与露天栽培均产生提早上市5～7天的效果。

3.2.6 多黏类芽孢杆菌应用案例

多黏类芽孢杆菌作为极具生防潜力的植物促生菌，在作物的根、茎、叶等部位具有很强的定殖能力，施用后能在作物的根周围大量快速繁殖，通过位点竞争阻止其他病原菌靠近并侵染植物的根系，值得一提的是，多黏类芽孢杆菌对植物青枯病具有很好的防治效果，在收获后期，对番茄、茄子、辣椒、烟草、马铃薯、罗汉果和生姜青枯病（姜瘟病）的田间防效可达70%～92%。目前市场上常见的多黏类芽孢杆菌生物肥料品种主要有江西绿悦生物工程股份有限公司生产的果满多生物有机肥等，主要应用于西瓜、油菜、棉花、辣椒等农作物。将多黏类芽孢杆菌菌肥作为冬肥应用于沃柑作物时，每株产量能够达到40～50千克，沃柑作物果亮果多，出梢整齐，叶面油绿发亮。

3.2.7 哈茨木霉菌应用案例

哈茨木霉菌是木霉属真菌，可以用来预防由腐霉菌、立枯丝核菌、镰刀菌、黑根霉、柱孢霉、核盘菌、齐整小核菌等病原菌引起的植物病害，此外，哈茨木霉菌能够分泌氨基酸、生长物质促进作物的生长，使用哈茨木霉菌后作物生长平衡、根系健壮、作物产量高、果实品质高，显著增加了收益。具有良好的植物促生抗逆作用。目前市场上常见的哈茨木霉菌生物肥料品种有荷兰科伯特有限公司生产的特锐菌剂和山东靠山生物科技有限公司的以哈茨木霉为主的复合菌剂等。哈茨木霉菌主要作用于茄子、番茄、黄瓜、青椒、甜瓜、烟草、马铃薯、生姜等多种作物，一般施用方法为于苗期、开花前和坐果后各灌根一次。

3.2.8　地衣芽孢杆菌应用案例

地衣芽孢杆菌属于革兰氏阳性杆状菌，可产生内生芽孢，耐热抗逆性强，在土壤和植物的表面普遍存在，其生长速度快、营养需求简单，在植物的表面易于存活、定殖与繁殖，能够作用于水稻、玉米、大豆、棉花、萝卜等多种农作物，是一种理想的生防微生物。地衣芽孢杆菌菌剂能够提高种子的出芽率和保苗率，预防种子自身的遗传病害，提高作物成活率，促进根系生长，并促使土壤中的有机质分解成腐殖质，极大地提高土壤肥力。目前市场上常见的地衣芽孢杆菌生物肥料品种主要有东莞市保得生物工程有限公司生产的复合微生物肥料等。

3.2.9　侧孢芽孢杆菌应用案例

侧孢芽孢杆菌属于好氧型芽孢杆菌，其显著特点是可以产生独木舟状的伴孢体，能够促进植物根系生长，增强根系吸收能力，从而提高作物产量。该菌株能够作用于小麦、花生、萝卜、苹果、茶叶、生姜等多种农作物，同时能够抑制植物体内外病原菌繁殖，减轻病虫害，降低农药残留，并改良疏松土壤，防止土壤板结，提高肥料利用率。目前市场上常见的侧孢芽孢杆菌生物肥料品种主要有青岛百事达生物肥料有限公司的三帝生物有机肥等。将侧孢芽孢杆菌类产品作用于人参时，发现人参根系发达，须根多，植株健壮，病虫害明显减少，产量大幅度增长。

3.3　有益微生物在生物农药上的应用案例

3.3.1　苏云金芽孢杆菌杀虫剂应用案例

苏云金芽孢杆菌对 350 余种昆虫有不同程度的防治效果，例如棉铃虫、菜青虫、稻苞虫等，苏云金芽孢杆菌杀虫剂对虫龄越小的害虫防治效果越好，农药药效较慢，一般害虫进食 30 分钟后停止危害作物，24 小时后开始死亡，

48 小时达到死亡高峰，72 小时死亡率达 95% 以上。施用时，可以与非碱性的化学杀虫剂混用作为互补，也可以与白僵菌、小菜蛾 GV 等生物农药混用。施用时需注意温度，适宜温度在 25℃以上，温度过低会完全失去杀虫作用：在 25～30℃时使用，其防治效果比 10～15℃时高出 1～2 倍。

3.3.2 球形芽孢杆菌杀虫剂应用案例

球形芽孢杆菌杀虫剂的剂型常为可溶性颗粒剂，主要用来防治蚊子幼虫（孑孓），加水稀释后可用飞机喷雾或手动机械喷雾，推荐使用剂量为每公顷 2～4 千克，防治大龄幼虫及高污染水体中的幼虫可以使用更高浓度。可与其他杀虫剂混用，但不能和含铜的杀菌剂及控制海藻的制剂混合使用。

施用时须按照标签上所列明的剂量，直接向积水施用菌剂；视乎个别产品的效力，可在有积水的地方每星期施用菌剂。

3.3.3 白僵菌杀虫剂应用案例

白僵菌是一种真菌性杀虫剂，其制剂对人、畜无毒，对果树安全，但对蚕有害。常见剂型是粉剂，目前有多家公司生产白僵菌、白僵菌素等相关微生物农药产品，用来防治桃蛀果蛾、桃小食心虫、刺蛾、卷夜蛾等。施用方法如采用白僵菌高效菌杆 B-66 号，在桃小食心虫越冬或幼虫出土始盛期各防治一次，用量为每亩用菌剂 2 千克（100 亿孢子/克）加上 0.15 千克 48% 乐斯本兑 75 千克水，喷施树盘及周围地面，喷后覆草，幼虫僵死率达 85.6%，同时还可以显著降低蛾卵数量。

3.3.4 绿僵菌杀虫剂应用案例

绿僵菌寄主范围广，可寄生 8 目 30 科 200 余种害虫，主要用于防治金龟子、象甲、金针虫、蛴螬、蚜虫等害虫，市场上有多家公司生产绿僵菌素等相关微生物农药。施用方法如防治花生田中蛴螬，可采用菌土和菌肥施用方式。菌土就是绿僵菌 2 千克（1 克含孢量 23 亿～28 亿个）拌湿细土 50 千克，中耕时均匀撒入土中。菌肥是用 2 千克菌剂和 100 千克有机肥混合拌匀，中耕时施于田间，埋土。

3.3.5 拟青霉杀虫剂应用案例

拟青霉是多种重要昆虫病原真菌，其中常见的重要种类有：粉红拟青霉、粉质拟青霉、玫瑰色拟青霉、蝉拟青霉、粉虱拟青霉等。这些拟青霉已开始应用于防治多种害虫。防治松毛虫可用粉红或粉质拟青霉制剂。在松毛虫幼虫越冬前，将菌剂撒在树干基部10～15厘米范围内，使树下越冬幼虫沾染孢子后再钻入土内越冬，在温湿度条件适宜时便发病死亡。防治菜青虫可用蝉拟青霉制剂，将菌液喷洒在菜叶表面，对初孵化幼虫有较强的侵染作用，死亡率达90%，在幼虫期施菌防治效果为65%～70%。防治温室白粉虱可用玫瑰色拟青霉北京变种制剂。在黄瓜苗期及初瓜期，每10～14天向植株上部5～7片叶背喷孢子液（0.1亿孢子/毫升）一次，一个生长期喷3～5次。控制种群效果达71%以上，控制成虫效果平均为72%。

3.3.6 中生菌素（农抗751）微生物杀菌剂应用案例

中生菌素又称农抗751，属N-糖苷类抗生素，产生菌为浅灰色链霉菌海南变种，在多家生物农药生产公司均有出售，产品有1%水剂、3%可湿性粉剂，对真菌、细菌都有效。防治大白菜软腐病，用3%可湿性粉剂600～800倍液浸种后播种，在幼苗期再灌根1次。防治番茄青枯病，用3%可湿性粉剂600～800倍液灌根或喷雾。防治黄瓜细菌性角斑病，亩用3%可湿性粉剂83～107克，对水喷雾。防治菜豆细菌性角斑病，用3%可湿性粉剂300～600倍液浸种后播种；生长期间，亩用3%可湿性粉剂60～80克，兑水喷雾。防治芦笋茎枯病或青椒疮痂病，亩用3%可湿性粉剂50～100克，兑水喷雾。

3.3.7 多黏类芽孢杆菌微生物杀菌剂应用案例

多黏类芽孢杆菌对土传病害植物青枯病具有很好的防治效果，在收获后期，对番茄、茄子、辣椒、烟草、马铃薯、罗汉果和生姜青枯病（姜瘟病）的田间防效可达70%，增产率达493%。多黏类芽孢杆菌对芋头软腐病、大白菜软腐病、辣椒根腐病、花卉根腐病、玉竹根腐病、沙参根腐病、番茄猝倒病、番茄立枯病、辣椒疫病等土传病害也具有较好的防治效果。此外，多黏类芽孢杆菌对植物具有促生效果，可使田间植株高度比空白对照区增加10～30厘米，甚至在植物不发青枯病时，也可使植物的产量增加27.5%。

3.3.8 抗根癌菌剂微生物免疫剂应用案例

抗根癌菌剂是由中国农业大学技术开发完成，针对核果类果树、葡萄、月季等花卉作物毁园性的根癌病，中国农业大学20世纪80年代从澳大利亚引进核果类果树根癌病生防菌剂 K84，并自主研发了葡萄和花卉根癌病生防菌剂 E26 和 HX2 等系列菌株，完成了国内根癌病生物防治技术体系。施用方法是将抗根癌菌剂（剂型为湿粉）1 千克与 2 千克水混合后，沾根 30 分钟后栽种，对果树、花卉等作物根癌病的防治效果达到 98% 以上。

第四节　稻渔共生系统

1. 稻渔共生系统的起源与发展

1.1　稻渔共生系统简介

稻渔共生系统是我国各地经过千百年的逐渐探索演化形成的独特多民族农耕文化。新中国成立以来，稻渔综合种养技术不断发展完善，并得到了国家的高度重视，目前已形成稻鲤、稻虾（小龙虾、青虾）、稻蟹、稻鳖、稻鳅、稻螺、稻鸭等各具特色的稻渔共生互惠生产模式。在国家相关部门政策推动和技术研发示范的带动上做了许多工作，各地也积极开展了大量实践探索，稻渔综合种养规模和技术都有了很大发展。近年来，稻渔综合种养成为绿色生态的农渔发展模式，成为渔业产业扶贫和助力乡村振兴的重要抓手，对促进稳粮增收和水产品稳产保供具有重要作用。

1.2　稻渔共生系统的定义与内涵

1.2.1　稻渔共生系统的定义

稻渔共生系统是一种充分利用生态学原理，将系统中各生物元素构成完整的互利共生系统，形成了一条食物与营养供给的闭合链，实现系统内外资源与能量的高效利用与转化。

1.2.2　稻渔共生系统的内涵

稻渔共生系统在不降低水稻产量的前提下，采取新的水稻栽培技术，将农业生产与渔业产业有机结合起来，做到一地两用、一水双用、一地多收，充分提高土地利用率，增加农民收入，达到建设资源节约型、环境友好型和谐社会的总体要求，实现农业增效、农民增收。

1.3　稻渔共生系统的原理

将鱼、虾、蟹、鸭等动物在特定生长阶段放于稻田中饲养，动物食用稻田中的藻类、浮游生物、杂草、昆虫等，实现了稻田资源的充分利用和能量物质的转化，同时减少了有害生物对水稻生长的影响，改善水稻的生长环境。稻田饲养动物产生的粪便等排泄物，一部分成为稻田的有机肥料，另一部分则为浮游生物和鱼、虾等所利用。动物在稻田中的运动起到耘田松土、促进水稻根系生长的作用，促进了资源能量的利用与转化。某些种类的饲养动物还可采食稻田中的有害虫类，减少化学农药的使用。稻渔共生系统在保证水稻产量和品质的同时，收获饲养在稻田的动物，能够实现"稳粮增收"，改善土壤质量和生态环境，达到经济效益、生态效益和社会效益"三重叠加"的效果。

2. 稻渔共生系统的基本原则

要始终坚持"稳粮增收"这一根本前提，确保稳粮与增收双赢。"稳粮增收"是稻渔综合种养的生命力所在，"不与人争粮，不与粮争地"是确保稻渔共生系统持续健康发展的基本原则。

2.1　共生互惠的原则

千百年来人们为了解决食物而努力，如何在有限的土地上生产出更多的食物，充分利用当地的环境和资源，一直是人们所追求的。稻渔共生互惠系统在稻田中养殖合适动物的农业生产模式经过人们反复的探索，平衡了它们在阳光、水、空气、生存空间和食物上的争抢、竞争，尽量满足稻渔共生的最大化要求，逐渐探索演化形成了稻渔共生互惠互利的种养模式，而且种植和养殖的养分基本平衡。

2.2　生态平衡和减少环境污染的原则

稻渔共生系统能使水稻生长的环境、氧气、空间、温湿度、阳光得到改善，在植物生长的同时让养殖动物在稻田中活动，达到耘田、除草的目的；水稻生长环境改善后，生长旺盛，抗病力增强，加上稻渔共生，减少稻田的农药和肥料的使用，解决了种植水稻需要防治病虫带来的破坏生态平衡和产生环境污染的问题。按照保证水稻正常生长的需求角度出发，合理控制在稻田中饲养动物的数量，是实现稻渔共生互惠系统平衡的重要指导原则。

2.3　社会经济效益和生态效益并重原则

从稻渔共生种养结合模式的生态效益来看，按照保证水稻正常生长的需求，合理控制水稻的栽培密度和在稻田中养殖动物的数量，实现稻渔共生互惠系统中稻渔生长平衡，达到耘田、除草减少人工干预，减少稻田的农药和肥料的使用，使得局部环境生态保持相对平衡，稻渔共生鱼沟等的开挖增加水稻的采光同时也促进分蘖，增加产量，符合我国的绿水青山就是金山银山的指导思想。

从社会经济效益来看，提高水稻、饲养动物的抗病虫能力，减少农药和肥料的用量，充分利用了养殖动物排泄物替代化肥，降低了种植成本；还可以为申请绿色食品、有机产品认证提供条件，使得农业增值、增效。

3. 稻渔共生系统的关键技术体系

稻渔共生系统主要涉及稻田规划（改造）、水稻生产过程和稻田动物养殖过程。

3.1　稻田环境

符合农业种植和养殖相关要求。

3.2　稻田规划（改造）

除了满足普通稻田水稻种植要求以外，还要根据不同类型稻渔共生模式进行有针对性的改造，如开挖沟，加固或筑高田埂，设置防逃设施等，以适应养殖相关动物的相关要求。对于冬春季闲置稻田，可以根据当地环境条件、气候特征和生产计划，选择适宜的经济作物，改善稻田生态环境的同时，提高综合效益。

3.3 稻田处理

3.3.1 稻田消毒

稻田插秧前 1～2 天每平方米用生石灰 120 克对稻田进行消毒。

3.3.2 肥水管理

施肥以发酵腐熟的有机肥为主，不宜使用化肥。稻田插秧前施用有机肥作基肥，肥水培育浮游生物，后期根据水稻长势因田施肥、看苗施肥、适量追肥。稻田水以肥、活、爽为宜，养殖期间根据水质状况适时换水，或保持微流水状态；种稻养殖期，田面水深应随水稻生长和养殖动物生长需要而调整。

3.4 养殖动物的苗种购买、暂养和投放

3.4.1 苗种要求

选用从正规苗种场选购或天然水域生产出来的活力好、体表完整、规格整齐、体质健壮、适合当地饲养的优质苗种。

3.4.2 苗种运输

苗种运输过程中保持溶氧充足，不使用麻醉剂；运输苗种密度适宜，防止密度过大造成挤压，引起外伤等；运输过程中使用的器械均进行消毒。

3.4.3 苗种暂养

部分地区可选择水源条件好的田块筑梗蓄水，作为临时性苗种培育区，用于强化培育苗种。暂养区要根据养殖不同动物种类要求分别建设。

3.4.4 苗种选择及放养

根据不同动物选择插秧后不同时间放养，投放前用食盐水或高锰酸钾等消毒剂浸泡消毒动物。根据不同动物类型确定适宜的放养密度。

3.5　养殖动物的饲养管理

3.5.1　饵料选择

养殖动物可以稻田里的浮游生物、田里发酵的秸秆和青草、飞虫等为食物，必要时可投喂花生麸、玉米粉、米糠或煮熟的南瓜、红薯等单一饲料或配合饲料，饲料卫生应符合相关标准。不应投喂发霉、生虫、腐败变质及受到石油、农药、有害金属、禁用渔药等污染的饲料或原料。

3.5.2　饲料等渔需物资运输

需注意防水防曝晒，春季雨水较多，夏季气温炎热，运输和保存过程均注意防止饲料等渔需物资的劣变。

3.5.3　饵料投喂

正常情况下，按"四定"（定时、定质、定量、定位）投饵法投喂饵料，遵循"三看"（看渔、看水、看天）原则，并根据实际情况灵活调整；在天气闷热或天气骤变、气温过低时，要减少或暂停投饵。

3.5.4　日常管理

坚持每天早晚巡查，主要观察水色、水位和养殖动物的活动情况，及时加注新水。日常巡护应检查进排水口防逃生设施和田埂有无漏洞、塌陷或堵塞，并及时采取相应措施妥善处置；雨季应注意洪水漫田导致的养殖动物逃逸。

3.6　病虫害防治

3.6.1　疾病预防措施

投放养殖动物苗种前，可用生石灰、二氧化氯等对田块进行消毒。购买的苗种投放前，可使用3%～5%的食盐或按说明使用高锰酸钾溶液等进行浸浴消毒。

3.6.2　科学合理用药

应坚持预防为主原则，在苗种发生病害，或水中有害生物大量生长时，科学合理使用药物。

3.6.3　虫害防治

虫害应以诱虫灯诱杀为主，减少农药使用，不应使用有残留或对养殖动物有毒害作用的农药。

3.7　捕捞与运输

3.7.1　捕捞时间

根据不同养殖动物种类，达到商品上市规格即可捕捞上市。

3.7.2　运输

宜用氧气袋、有氧水箱、运输桶等专用工具运输。

4. 稻渔共生系统主要模式简介

4.1　稻（鲤）鱼共生模式

稻（鲤）鱼共生模式是我国大多数地区适宜推广的模式，也是推广面积最大的模式。除了传统的稻鱼共生互惠模式外，目前一些地区还根据各自特点衍生出新模式。如"稻＋鱼＋瓜果"模式，是根据田块大小不同，选择在进水口处或田头田角开挖大小合适的鱼坑（鱼窝），清除鱼坑内的田土，在田边堆放夯实。鱼坑内不种植水稻，其上方用竹木树枝等材料搭建简易的遮阳棚，鱼坑边种植瓜果和蔬菜，瓜果藤蔓牵附于遮阳棚上形成荫面，供鱼儿活动。"一季稻＋再生稻＋鱼（＋瓜果）"模式，是利用一季稻收获后培植再生稻，稻田中继续放养鱼的一种生产方式。这种养鱼方法的连作田多为水源充足、通风向阳、田埂坚实、能保水蓄肥的农田。此模式一方面增加了稻谷的产量，另一方面延长了稻鱼的生长时间，提高了鱼的产量，最终实现粮鱼双增、种养双效，从而提高了土地的产出效益。

4.1.1　稻田设施

（1）进排水系统改造

新开挖的养鱼稻田，进排水口一般设在稻田的两对角，以保证水流畅通，进排水口大小根据稻田排水量而定。

（2）沟坑整修及田埂加固

新开挖的养鱼稻田，在插秧之前开挖好鱼沟和鱼坑（沟坑占比不超过稻田面积的10%），并加固田埂，可在坡边和田埂种植三叶草等植物护坡稳坡。

田埂要高出田面40～60厘米，顶宽40～50厘米，加固夯实或硬化，不坍塌不渗漏。鱼坑为长方形或正方形，建于靠近进水口的田边或其他方便管理的位置，鱼坑面积占稻田总面积的3%～5%，深为低于田面80～100厘米，用松木板和其他材料加固或硬化鱼坑四周防止坍塌。鱼坑堤坝应高出田面40～60厘米，并设1～2个开口与鱼沟相通。鱼沟形状根据田块的大小而定，"一、十、工、丰、井、目、田"等字形均可，并与鱼坑相通；沟宽40～60厘米、深为30～50厘米；鱼沟面积占稻田总面积的3%～5%。

（3）防逃防害防病设施建设

在进排水口处安装拦鱼栅，防止鱼逃走和野杂鱼、敌害等进入养鱼稻田。有条件的地区建议在田间安装诱虫灯，可按每公顷诱虫灯100～120盏安装水产专用诱虫灯，诱杀的昆虫作为田鱼的饵料。

4.1.2　稻田处理

（1）稻田消毒

稻田插秧前1～2天每平方米用生石灰120克对稻田进行消毒。

（2）肥水管理

稻田插秧前每公顷施用有机肥2000～3500千克作基肥肥水培育浮游生物，后期根据水稻长势因田施肥、看苗施肥、适量追肥。种稻养殖期，田面水深应随水稻生长而调整至5～15厘米；稻谷收割后，水深宜达30厘米以上。

4.1.3　鱼苗购买、暂养和投放

（1）鱼苗选择

从正规苗种场选购活力好、体表完整、规格整齐、体质健壮、检疫合格的优质鱼苗。

（2）鱼苗运输

运输前鱼苗需要停食12～24小时。注意观察鱼的活动情况，若有浮头、死亡等，需要及时换水；鱼苗放入稻田前注意调节水温，将运输水温与田间水温温差调节至2℃以内。

（3）鱼苗暂养

部分地区可选择水源条件好的田块筑梗蓄水，作为临时性鱼苗培育区，用于强化培育鱼苗。培育至初夏，水稻插秧后，再将大规格鱼苗移至稻田中养殖。

（4）鱼苗选择及放养

稻田插秧 7 天后可投放鱼苗，投放前用 3% 食盐水浸泡消毒鱼体 5～10 分钟。根据鱼种的规格确定放养密度。培育鱼种放养全长 3～5 厘米的田鲤鱼苗每 100 平方米 600～1000 尾；商品鱼养殖放养全长 6～8 厘米的田鲤鱼种每 100 平方米 30～50 尾。

4.1.4　饵料选择

宜以稻田里的浮游生物、田里发酵的秸秆和禾花为饲料，也可投喂花生麸、玉米粉、米糠或煮熟的南瓜、红薯等饲料。日投喂量为鱼体重的 3%～6%。

4.1.5　病虫害防治

应坚持预防为主原则，在苗种发生病害或水中有害生物大量生长时，科学合理使用药物，使用的药物应执行国家相关规定要求。

4.1.6　捕捞

经过 4～6 个月的放养，田鲤可长到 50～250 克的商品鱼规格即可捕捞上市。

4.2　稻小龙虾共生模式

稻小龙虾共生模式主要集中在我国长江中下游地区，以湖北、安徽、江苏为主要省份。

4.2.1　虾苗放养

（1）选择良种

虾苗要求体表光洁、体质健壮、规格整齐、附肢齐全、健康无病。应尽量避免多年自繁自育、近亲繁殖的苗种，优先选择繁养分离且冬季根据天气水温情况适当投饵保肥的苗种，有条件的需要进行苗种检疫。

（2）适时放种

养殖早虾的宜在 3 月中旬前后投放苗种，养殖常规虾的可在 3 月下旬至 4 月下旬投放苗种。虾苗密度一般控制在每亩 6000～8000 尾。对于苗种自繁自育的稻田，虾苗密度大的要及时出售或者分池养殖，虾苗较少的可以适当补充。

4.2.2 饲养管理

（1）水质调控

及时调水，水质一般以黄绿色或油青色为好，水体透明度以 30～35 厘米为佳。若水色清淡则应适时追肥。施肥要坚持"看水施肥、少量多次"的原则，以确保水质"肥、活、嫩、爽"。肥料可以选择发酵好的农家肥或生物有机肥，宜在晴天中午施用。

（2）饵料投喂

正常情况下，初春季节小龙虾体质较弱，可适当使用一些优质配合饲料，也可投喂诱食性好的鱼肉、蚯蚓等动物性饵料或高蛋白的豆浆，可适当提高投喂频率。

4.2.3 病害防治

（1）疾病预防措施

降低密度，适时通过分塘转移、捕大留小等措施，减少小龙虾存塘量，降低养殖密度。操作过程中应注意避免小龙虾受伤或引起应激反应。应注意加强增氧，避免因水质恶化引起的缺氧问题。要合理投喂优质饲料，提高免疫和抗应激能力。

（2）科学合理用药

注意药物适用对象、用量和配伍禁忌。尽量选择刺激性较小的外用药物，减少小龙虾的应激反应。

（3）重要疫病防控

春季天气不稳定，小龙虾易发生纤毛虫病、白斑综合征和细菌性肠炎。要坚持"防重于治"，做到"早发现、早诊断、早处置"，做好病虾隔离，切断传播途径。

4.3 稻青虾共生模式

稻青虾共生模式主要包括单季共作和一季稻两茬虾模式，主要适宜长江中下游地区低洼稻田。

4.3.1 田间工程

沿稻田田埂内侧 50～60 厘米处开挖环沟，环沟宽 2～2.5 米，深 1～1.5

米（沟坑占比不超过稻田面积的10%）。在主干道进入田块的一边留出宽3～5米的农机作业通道，需配微孔增氧设备。加固加高四周田埂，使之不渗水、不漏水。

4.3.2 虾苗放养

（1）虾苗选择

可选择国家审定新品种或适合本地区养殖的优良品种。虾苗要求个体强壮、行动敏捷、肢体完整、无病无害。

（2）虾苗放养

一季稻两茬虾模式，第一茬虾在2月左右放养，密度以每千克1000尾的虾苗10千克为宜，第二茬虾可在8月放养，密度为2厘米左右虾苗3万～5万尾。单季共作模式的放养时间为6月下旬至7月初。放养宜在晴天的早晨进行，应在四周环沟内均匀投放，同一虾塘虾苗要均匀，一次性放足；虾苗入塘时要均匀分布，开启增氧机，并将虾苗缓慢放在增氧机下方水面，使其自然游散。

4.3.3 饲养管理

（1）水质调控

使用正规企业生产的生物有机肥或腐殖酸钠肥水，保持水体透明度在30～40厘米。3—4月可在虾沟内种植或播种水草，种类为轮叶黑藻、苦草等，种植面积占虾沟总面积的20%～30%。

（2）饵料投喂

水温上升到8℃以上，适当投喂饲料，投喂量为青虾总重的3%；根据吃食情况，每个星期投喂2～3次。

（3）日常管理

坚持每天早晚巡塘。主要观察水质变化，及时调节水质；检查青虾摄食状况，适时调整投饲量，及时发现病害并对症治疗。

4.3.4 病害防控

需密切关注天气和水质变化，坚持"以防为主、防治结合"的原则，可用二氧化氯、碘制剂、过硫酸氢钾、高铁酸钾等消毒剂或氧化剂对水体进行消毒，防止细菌滋生，预防青虾生病。

4.4 稻蟹共生模式

稻蟹共生模式是除了稻鱼之外另一种适用范围较广的稻渔共生模式，江苏、安徽、湖北、辽宁、天津等地是这种模式推广较多的省份。

4.4.1 蟹田要求

稻蟹的稻田要求靠近水源、水质良好、没有工业污染、进排水比较方便的田块，底质要求黏壤土，保水性能较好，底土比较肥活，田埂比较厚实，不渗不漏，面积 10～30 亩为一个养殖单元。

4.4.2 田间工程

（1）蟹沟建设

由环边沟、田间沟及暂养池三部分构成，可根据不同地形建成不同形式。

（2）进排水口建设

稻田进排水口呈对角设置。进排水的管采用直径为 20～40 厘米的水泥管或聚塑管，将水引入田中，进排水口要用较密的铁丝网或聚乙烯网布封好，严防河蟹逃跑和敌害生物进入。

（3）田埂加固

田埂高可控制在 0.8～1 米，埂面宽 0.8～1 米，底部宽 2～3 米，坡比为 1∶1.5～1∶2，可用开挖环形沟、田间沟、暂养池的土堆筑，加宽加固田埂，并要压实夯牢，避免漏水逃蟹。

（4）防逃设施

防逃设施要求坚固耐用，表面光滑；在田埂 2/3 处外侧四周用 70 厘米高毛竹竿或木桩作固定桩，塑料薄膜下部埋入土中 10 厘米，上部高出地面 50 厘米以上，向内侧稍有倾斜，无褶无缝隙，拐角处成弧形，不留死角。

（5）蟹田消毒

养蟹稻田在耙地前先消毒，一般每亩稻田用石灰 30 千克，用水拌匀后均匀泼洒田中。

4.4.3 蟹种的选择及消毒

（1）蟹种选择

稻田养蟹选购蟹种时，要有固定来源和产地，查看规格是否整齐，附肢是否齐全,爬行是否活跃。

(2)蟹种的消毒

蟹种放养用百万分之10～20的高锰酸钾浸浴5～10分钟。

4.4.4 稻田放养

(1)放养时间

稻秧栽种返青后,即插秧10天后,及时放养,宜早不宜迟,每个围栏养殖单元要求一次性放足。

(2)放养密度及要求

要求蟹种色泽光洁,体质健壮,爬行敏捷,附肢齐全,指节无损伤,无畸形,无寄生虫,无疾病。每亩放养规格为每500克2～50只的蟹种300～400只。放养时用百万分之10～20的高锰酸钾或3%～5%的盐水浸浴消毒5分钟。在围栏养殖单元内的多个地方设点,将蟹种投放在田边,由其自行爬入稻田。

4.4.5 饲养管理

(1)放养前准备

蟹种放养前要用药物浸洗,以消灭蟹体上的寄生虫和致病菌,提高放养的成活率。

(2)水质管理

1)根据季节变化调整水位。5月蟹种放养之初,为提高水温,蟹沟内水深通常保持在0.5～0.6米即可;6月中旬可将蟹沟内水深提到与大田持平;7月水稻栽插返青至拔节前,可将蟹沟内水位提高到0.6米以上,田面保持10～15厘米的水深,让河蟹进入稻田觅食;8月水稻拔节后,可将水位提到最大,田面保持10厘米的水深,为河蟹、水稻生长提供最佳水域条件;9月底水稻收割前再将水位逐步降低直到田面露出,准备收割水稻。

2)根据天气、水质变化调整水位。河蟹生长要求水的溶氧充足,水质清新。为达到这个要求,要坚持定期换水。通常6月每10—15天换一次水,每次换水1/5～1/4;7—9月高温季节,每周换水1～2次,每次换水1/3。平时还要加强观测,水位过浅要及时加水,水质过浓要换新鲜水。换水时,水位要保持相对稳定,可采取边排边灌的方法。换水时间通常宜选在上午10—11时,待沟渠水水温与稻田水温基本接近时再进行,温差不宜过大。

3）根据水稻晒田、治虫要求调控水位。水稻生长中期，为使空气进入土壤，阳光照射田面，增强根系活力，同时为杀菌增温，需进行晒田。通常养蟹的稻田采取轻烤的办法，将水位降至田面露出水面即可。晒田时间要短，晒田结束随即将水加至原来的水位。水稻生长过程中需要喷药治虫，而喷药后也要根据需要更换新鲜水，从而为水稻、河蟹生长提供一个良好的生态环境。

（3）日常管理

1）搞好水草移植。蟹种放养前，要在蟹沟暂养池中移栽马来眼子菜、轮叶黑藻等水生植物。水草移栽的密度以布满蟹沟暂养池面积 1/2～2/3 为宜，如被河蟹吃完，还应及时补栽，使养蟹沟、暂养池中始终有丰盛的水草，既提供大量适口饵料，又起到保护河蟹，促进生长的作用。

2）实行专人值班巡查。坚持每天早晚各巡田一次，严格执行以"五查"为主要内容的管理责任制。一查水位水质变化情况，定期测量水温、溶氧、pH 值等；二查河蟹活动摄食情况；三查防逃设施完好程度；四查田埂、涵闸有无破洞、渗漏情况；五查病敌害侵袭情况。发现问题立即采取相应的技术措施，并做好值班日记。

3）做好防汛准备工作。稻田养蟹一般在地势较洼的水网地区。因而要提前筑牢田埂、加固防逃设施，做好防汛、防风、防逃、防偷，严防大风吹倒防逃设施，沟渠水漫田造成逃蟹。

4）蜕壳期管理。仔细观察河蟹每一次的蜕壳时间，掌握蜕壳规律。蜕壳高峰期前 1 周换水、消毒。蜕壳高峰期避免用药、施肥，减少投喂量，保持环境安静。

4.5　稻鳅共生互惠模式

4.5.1　田间工程

（1）稻田选择

选择水源充足、进排水方便、不受旱涝影响的稻田，水质清新无污染，田块底层保水性能好。稻田土质肥沃，以黏土和壤土为好，有腐殖质丰富的淤泥层。

（2）稻田改造

一般采用"边沟＋鱼坑"形式，稻田中间可开挖"十"字沟。在稻田的斜对角设置进排水口，并在进排水口安装拦鱼栅。沟坑的开挖，主要根据稻田放养泥鳅的规格和数量以及预期产量而定，要做到暂养沟、环沟、田间沟沟沟相通，"三沟"面积以占种养总面积的5%左右为宜。稻田养鳅成功与否的关键之一是能否做好防逃工作，除进排水口外，应在埂基四周埋设防逃网片，可采用20～25目的聚乙烯网片，埋入土下15～20厘米，防止泥鳅钻洞逃逸。

4.5.2　存塘泥鳅暂养

（1）水质调控

春季天气不稳定，导致水温变化较大，水质调控非常关键。随着天气渐暖，温度回升，要注意控制水位，保持田面水位30～40厘米，环沟水位130～140厘米。及时施肥，有机肥料必须充分发酵和消毒，做到少施、匀施、勤施。晴天上午施肥好，不在阴天、雨天施肥。一般每亩可施充分发酵有机肥30～50千克。

（2）密度控制

总的原则是尽量降低存塘泥鳅养殖密度，建议根据市场行情，不断捕捞出售，养殖密度不超过每亩1万～2万尾。

（3）饲料投喂

要坚持"四定"原则，每天2次，早上9时和下午5时左右各一次，饲料投在环沟中设置的食台上，具体投喂量根据天气、温度、水质、泥鳅活动情况进行适时调整。饲料投饲量以泥鳅总体重的1.5%～3.5%为宜，可上午投喂日饵量的40%，下午投喂日饵量的60%。

（4）日常管理

每天坚持巡田，注意泥鳅的活动、摄食等情况，及时捞出病死泥鳅，防止其腐烂影响稻田水质，传染病害；观察防逃网外有无泥鳅外逃，若有外逃要及时检查、修复防逃网；根据剩饵情况调整下次投饵量。

4.5.3　病害防治

（1）疾病预防措施

尽量降低存塘泥鳅养殖密度，如果稻田水质条件不好，又没有增氧设备，应控制密度在每亩0.5万尾以下。配备有增氧设备的稻田，应及时开启增氧机，每天开机时间4小时以上。合理投喂饲料，投饵1小时后及时观察饲料被摄食的情况，如有饲料剩余，及时调减饲料投喂量，防止剩余饲料影响水质。

（2）科学合理用药

应坚持预防为主的原则。一般稻田养殖泥鳅，较少发生病害，但春季仍是病害易发季节。可半月对稻田水体进行一次消毒，或在饲料中拌喂微生态制剂，增强泥鳅抗病能力。

（3）防治鸟类敌害

泥鳅是许多鸟类的天然饵料，稻田水浅，泥鳅易被捕食，若鸟类数量较大，可将稻田浅水区域的泥鳅捕食殆尽，造成严重的经济损失，因此要特别注意防范。

4.5.4　苗种及饲料运输

（1）做好苗种运输

插秧前后应及时采购苗种，提倡带水运输，使泥鳅应激反应降到最低。使用泥鳅专用箱运输，每只箱子存放泥鳅苗种 10 千克，加水 8～10 千克。苗种经过停食锻炼后再运输，过程中保持水温稳定，溶氧充足。

（2）做好饲料等渔需物资运输

提前做好饲料运输计划，注意防水、防湿。可选用 84 消毒液对饲料的外包装、渔业机械、网具和车辆进行喷雾消毒。

4.6　稻螺共生模式

稻螺综合种养主要分布于广西等地区，种螺、幼螺一般于水稻秧苗分蘖后入田。

4.6.1　田间工程

（1）田基加固

夯实加固田基，高 50 厘米、宽 30～50 厘米，可蓄水深 30～50 厘米。

（2）防逃设施建设

进、排水均用直径 110 毫米并带弯头的聚氯乙烯塑料管，进水口用 50 目（直径 0.3 毫米）、长 100 厘米、直径 30 厘米的尼龙筛绢网兜过滤，排水口用 20 目（直径 0.85 毫米）镀锌钢丝网栅栏防逃。

4.6.2　种螺、幼螺放养

（1）选择良种

选择稻田、池塘、湖泊等天然水域或田螺良种场生产出来的具有明显生长优势的健康个体。要求壳厚体圆、壳面完整无破损。

（2）适时放种

水稻秧苗分蘖结束后，注水入田至水深 10 厘米左右，放养种螺、幼螺入田。主养田螺的稻田，每亩放养个体规格 1.25～2.50 克幼螺 3 万～6 万只，或投放个体重 ≥ 15 克的种螺 150 千克、数量约 6000～10000 只；套养田螺稻田，每亩放养个体重 1.25～2.50 克的幼螺 1 万～2 万只，或投放个体重 ≥ 15 克种螺 50 千克、数量约 2000～3500 只。雌雄配比 4:1 左右，同批一次性放足。如有上年留存种螺的，按留存数量适当补充种螺。

（3）水质调控

水温上升到 15℃后，田螺摄食量逐渐增大，需要适当补充新水维持溶解氧（要求 ≥ 3.5mg/L），日换水量为稻田水深的 1/4～1/2。及时施肥，每亩可施秸秆发酵饲料或秸秆堆沤肥 25～50 千克，1 个月 1 次。

4.6.3　饲养管理

（1）饵料投喂

正常情况下，颗粒饲料、发酵饲料、切碎的新鲜菜叶、玉米、米糠、豆粕、菜饼、蚯蚓、鱼虾等，以及新发酵秸秆、农家肥、有机肥及稻田中的浮游生物、杂草、稻花等均可作为田螺饵料。可设多个投饵点投饵，日投饵量宜根据田螺总重的 1%～3% 计算，2～3 天投喂 1 次，并根据田螺的生长和摄食情况调整投喂量。特殊情况，如水温低于 15℃或高于 30℃及阴雨天不需投喂。

（2）日常管理

坚持每天巡查，观察水位、水质、田螺摄食与生长等情况，检查防逃栅及筛绢网兜是否破损、堵塞，发现问题及时处理。台风、暴雨、大雨前，应疏通排水渠道，堵上进水口、打开排水口，并检查疏通防逃栅、筛绢网兜。

4.6.4　病虫害及自然灾害防治

（1）防鼠、蛇害及水禽

养殖场四周设置防护网，网片材料为镀锌钢丝、尼龙网等，网目 2.0 厘米，网片高 90 厘米，地下埋深 10 厘米，地上高 80 厘米，每间隔 1.5 米桩基固定。

（2）防福寿螺

每天巡田，沿田基四周用小抄网将福寿螺捞出并集中处理。

（3）防野杂鱼

每亩稻田可放养 5～10 厘米翘嘴红鲌 10～15 尾控制野杂鱼。

（4）防缺钙症

每 15～20 天可施用生石灰 1 次，每亩稻田泼撒 15 千克；每 15～20 天在发酵饲料中拌喂有机钙 1 次，每千克饲料添加量 100 毫克，连喂 3 天。

（5）防青苔

每亩稻田可放养 10～15 厘米鲮鱼 15～20 尾，或每亩稻田放 0.5～1 千克腐殖酸钠。

4.6.5　种螺、幼螺运输

从其他地区运输种螺和幼螺放养时，包装容器应紧固、洁净、无毒、无污染，并具有较好的通风和排水条件，螺体堆积高度以不超过 30 厘米为宜。运输过程中应保湿、防晒、防挤压、用水质量应符合《渔业水质标准》（GB 11607–1989）的规定。

4.7　稻鸭共生模式

4.7.1　田间工程

（1）稻田准备

选择平整、面积适宜、水源充足、排灌方便、保水性好的田块。

（2）搭建简易鸭舍

在田边田角旱地上搭建简易鸭舍，每 2 块田建 1 个鸭舍，以避风雨，供鸭憩息。

4.7.2　鸭苗投放

水稻移栽后 7～10 天，可放入鸭苗。鸭苗 5～7 日龄为宜，鸭苗放入稻田前必须打好疫苗。每亩放 15 只左右为好。

4.7.3　鸭苗饲养管理

（1）设置初放区

让雏鸭先在初放区内活动1～2天，让其适应新环境。每2块田面积4～5亩就在鸭舍边上设置初放区，初放区大约20平方米宽。

（2）设置围栏

围栏可防止鸭子离开稻田，确保共作效果。围栏用孔径1～2厘米的塑料网，网高1米，每间隔4米用木桩固定，整个稻鸭共作区用网围起来，中间每2块（4～5亩）间隔围网。

（3）饲养管理

鸭子放入田后，既要适当投放精饲料喂养。又不能过多。雏鸭至20天中鸭用精饲料拌米饭喂养，精饲料逐步减少，到20天后改用米饭拌米糠，30天后直接喂稻谷。雏鸭早晚各喂一次，15～20天后只在傍晚喂一次，早上不喂。

4.7.4　稻田管理

水稻移栽后原则上要一直保持适当水层，水层高度保持在8～10厘米。轮流晒田控苗，控苗后及时回水回放鸭子。稻鸭共作时间60～70天，鸭子在水稻抽穗时离田。

第五节　种养结合模式

随着养殖业逐步集约化、工厂化、专业化，养殖场产生了大量的养殖废弃物，而种植业逐步机械化，农田多使用化肥作为养分供给的主要方式，养殖粪便从原来的资源沦为了随意堆弃的污染物，单一规模化种植业和规模化养殖业为我国粮食安全和农产品供给做出了重要贡献，但种植业和养殖业严重分离，背离了现代生态农业发展的基本规律，导致农业生产系统外部投入增加和面源污染等诸多问题，食品安全问题不断。我国畜禽粪污每年产生量约38亿吨，其中氮养分含量1350万吨，磷养分含量510万吨，养分含量相当于我国化肥年产量的27%。到目前为止，畜禽粪污还有40%没有有效利用，既产生了环境污染，同时也是资源浪费。

1. 种养结合模式的基本原则

1.1 物质循环的生态原则

种养结合是我国传统农业的精髓，在 20 世纪 80 年代前，农业没有机械化、集约化生产的时候，中国传统农业就是种养结合模式，养殖产生的粪便污水直接或者堆沤后还田用于农业生产，生产出来的粮食供食用和用于养殖业。种植和养殖相结合也是西方发达国家解决畜禽粪便污染的主要模式，美国和欧盟等发达国家基本能够做到区域内种养养分平衡，既解决了畜禽粪便在种植业中的资源化利用问题，又减少了环境污染。

1.2 以地定畜、种养平衡的原则

种养结合是一种生态农业模式，即将种植业与养殖业的输入（肥料、饲料等）和输出（秸秆、粪便等）结合起来循环利用，达到经济环保的高效措施，其核心是"以地定畜"。按照以地定畜，从畜禽粪污养分供给和土壤粪肥养分需求的角度出发，基于土地面积结合作物产量，通过计算确定畜禽存栏量，是畜禽粪污作为肥料还田利用实现种养平衡的重要指导原则。

1.3 社会经济效益和生态效益并重原则

种养结合模式从生态效益来看，在养殖密度适宜的情况下可以完全消纳养殖过程产生的粪污，实现粪便的无害化处理，对秸秆进行还田或者被反刍动物食用，促进了物质循环与利用，促进了土壤的健康可持续发展。从社会效应来看，彻底改善了农村环境，提高了农民的健康水平，村容村貌大为改观，符合我国目前的新农村建设总体目标。从经济效益来看，这是农业发展、提高农民收入的良好模式。目前农民土地大多依赖于化肥，种养分离导致土壤有机质下降，土质板结，化肥利用率降低导致使用量进一步增大，致使种植成本增加，实行种养结合，以畜禽粪便替代化肥，极大地减少了化肥使用量，降低了种植成本，同时还可以提高产量获得安全绿色的有机农产品，提升农产品附加值。

2. 种养结合的关键技术体系

2.1　种养结合的关键技术体系

2.1.1　果园建园关键技术

（1）园地选择

果园应选择在交通方便、水电条件好、允许畜禽养殖的集中连片区域；应选择土壤肥沃、pH 值 7.5 左右、有机质含量 1.0% 以上、地下水位 1 米以下的地块。

（2）规划布局

根据果园地形地貌，分别进行种植区域、养殖区域、固体废弃物循环利用系统、道路交通系统等设施的科学规划。

（3）果树种植

选择结果早、丰产稳产、品质优良、抗逆性强、市场前景好的早、中、晚熟品种。

（4）果园生草

采用自然生草法。充分利用果园自然生长的杂草或选种豆科绿肥或牧草，改善果园小气候，增加土壤有机质含量，保持土壤墒情。一般果园杂草长到 20～30 厘米时进行刈割，控制草的高度不超过 20 厘米。

2.1.2　我国北方地区麦玉两熟固碳减排保护性耕作

夏玉米免耕直播，冬小麦少免耕、种肥同播。小麦收获时选用装有秸秆切碎和抛撒装置的小麦联合收割机作业，将粉碎后的麦秸均匀地抛撒在地表并形成覆盖。播种时，不经过耕翻整地等田间作业，在麦茬上直接播种夏玉米。播前对玉米种子进行拌种或者直接选用包衣种子。可选生育期长、耐密植、水肥利用效率高、抗逆性好的品种。玉米播种时选用免耕玉米精播机具，确保播种质量。

玉米成熟后采用机械收获，秸秆采用立杆粉碎覆盖还田方式。小麦播种采用少、免耕方式带状播种，只扰动播种苗床土壤，化肥同种子同时施入，化肥条状深施。选择光合效率高、肥料利用效率高、抗逆特性好的小麦品种。

一体化作业，节能省工、增收稳产。小麦和玉米播种均采用种肥同播一体化作业机，将保护性耕作、秸秆还田、秸秆覆盖、化肥深施和种子沟播融为一体，一次完成碎秆、灭茬、开沟、施肥、播种、镇压等多项作业。在保证小麦和玉米播种出苗质量的前提下，有效减少机械进地次数。

留高茬覆盖还田，蓄水保墒、培肥地力。小麦和玉米收获时，均采用留高茬的方式秸秆粉碎还田，其中玉米留茬高度在 30～40 厘米，小麦留茬高度为 20～30 厘米。播种时秸秆覆盖地表，土壤蓄水保墒能力强，可有效减少水肥散发和流失。

2.1.3 玉米秸秆饲草化利用技术

（1）全株青贮裹包

在我国北方每年 8 月底 9 月初玉米乳线达到 1/3～1/2 时，用克拉斯压扁粉碎收获机将大田玉米粉碎收获作为青贮原料，用打捆机进行高密度压实打捆，通过裹包机用拉伸膜包裹起来，创造一个厌氧的发酵环境，最终完成乳酸发酵过程。这种方式已被欧美各国和日本等发达国家广泛认可和使用。骏宝宸农业科技股份有限公司从 2017 年开始尝试并吸收消化形成自己的一整套技术规范和标准。

（2）干秸秆揉丝草块

变传统的横向铡切为挤丝揉搓，破坏了秸秆表皮结构，使饲草柔软，这种经处理后的秸秆柔软、适口性好、采食率高、密度高、营养全面的饲料既可以长时间保存，又可以开包后短时间用完，还便于长途运输，是秸秆综合利用和畜牧饲草开发的一条有效途径。

2.1.4 养殖小区建设关键技术

（1）养殖小区布局

一般规模的果园，生猪养殖圈舍建在远离生产管理区的下风口位置；较大规模的果园，生猪养殖圈舍建在园区中间位置；同时要充分考虑粪便尾水处理及循环利用的便利。一般的果园，鸡舍可以建立在果园的角落处；较大的果园，鸡舍可以建立在果园的中间位置。

（2）圈舍建设

建设标准化养殖圈舍，砖混结构，配置降温水帘，并建好防疫隔离区。采用干撒式发酵床养殖技术建舍，其他干湿式分离圈舍建设要做到雨污分离、干湿分离、固液分离、生态净化等"三分离一净化"的设施配套。

（3）养殖密度

生猪平均养殖配比每公顷 75～90 头，可以一半采用干湿分离圈舍，另一半采用干撒式发酵床技术建立圈舍。

（4）鸡舍建设

一般 100 亩大小的果园，在果园的角落建设一处标准化鸡舍，面积较大的果园在果园中间建设一处标准化鸡舍，砖混结构，配置降温水帘和自动饮水装置。

2.1.5　废弃物循环利用关键技术

（1）沼气池

猪场沼气池容积以存栏 1 头猪配套建设 0.8～10 立方米沼气池容的标准来确定猪场规模和沼气池的容积的配比。

（2）发酵堆沤池

在生猪养殖圈舍旁边配套建设干湿分离间和密闭式厌氧发酵堆沤池若干立方。一般建设容积 40 立方米的下沉式发酵堆沤池，发酵堆沤池采用砖混结构，上方预留便于操作的窗口。发酵堆沤池建设数量依据养殖规模而定，一般可建 4～5 个，可使用金宝贝肥料发酵剂对池内物料进行厌氧发酵，作为果园有机肥料备用。

（3）干湿分离间

根据养殖规模，建立相应规模的干湿分离间，并配置生猪养殖污水干湿分离机。

（4）生态循环沟渠塘

在果园四周及沿路构建生态沟渠，在果园中间或边缘适当位置建立生态池塘 12 个，配置循环水泵房；生态沟渠塘内种植狗牙根、黑麦草等植物。

（5）畜禽粪污管理

固态粪污进入发酵池堆沤制作有机肥还田，液态粪污进入沼气池发酵，沼液通过沼水 1∶2 混合后滴灌还田，沼渣进入堆沤池或直接作为有机肥还田。

2.1.6　养殖废弃物农田消纳技术

（1）集约化家禽养殖废弃物农田消纳

秸秆粉碎、除塑：将秸秆利用粉碎机进行初粉，利用轻柔除塑技术清除秸秆中的塑料，清除率达 80% 左右。原、辅材料混合：将畜禽粪便与菜田秸秆按比例混合。入池发酵：将原料按照比例添加微生物菌剂后，布入发酵池，高度为 1.6～2.0 米，含水量为 60%～65%。堆料测温：物料入池后，每天测温一次，并做好记录。翻抛：当温度升至 65℃左右开始第一次翻抛，每 3 天翻抛一次。陈化：发酵 10～15 天后，物料出池，堆放 15～20 天，进行陈化。除塑筛分：将物料利用轻柔除塑技术进行二次除塑后粉碎筛分，清除率基本达 100%。

（2）集约化奶牛养殖废弃物农田消纳与养殖场回用

牛场粪污收集后，首先进行固液分离。分离后的固体部分经筛分、晾晒和简单发酵后作为奶牛卧床垫料。过筛后的细料进行相应的高温发酵，制成有机肥；液体部分在经多级沉淀、曝气、厌氧等处理后进行圈舍回用，不能回用部分进行农田的利用或达标排放。

（3）生猪养殖粪污农田消纳

生猪养殖废弃物农田消纳与达标排放畜禽粪肥养分供给量在土地承载力允许条件下，其产生的畜禽粪污主要分为两种处理模式，第一种为粪污通过厌氧技术进行处理后，产生的沼肥直接作为肥料施用，配套措施包括粪污储存、厌氧消化、农田施肥技术；第二种为粪污通过固液分离后，固体通过堆肥技术生产有机肥作为肥料施用，液体部分通过厌氧技术直接还田或者经过沉淀池、氧化塘贮存后施用，配套措施包括固液分离、厌氧消化、好氧堆肥、氧化塘、农田施肥技术。

（4）奶牛粪便快速干燥堆肥

堆肥流程为：配料→充氧→升温→腐熟→精细化→陈化生产。

有机堆肥起堆按一定配比将鲜畜禽粪便、烟末、氧化钙或过氧化钙、发酵菌剂及部分返料使用装载机进行混合起堆。起堆后，从第二天起用翻抛机对堆体按每日一次频率进行充氧返堆，连续翻抛三次之后将堆体移入升温堆肥区。堆体升温至 ≥60℃，对堆体进行翻抛，确保堆体能在翻抛后 12 小时内立即升温至≥60℃，将堆肥转移至腐熟堆肥区。腐熟堆肥期间，整个堆肥每隔1天进行一次翻堆，堆体进行4～5次翻堆，堆肥温度在翻堆后不能升至60℃后，将堆肥转移至精细化堆肥区。在腐熟堆肥完毕后，将含水率为30%～45%堆肥进行除杂破碎筛分，破碎筛分后将堆肥转移至精细化堆肥区进行为期5天的堆肥过程（其间进行2～3次风干细化堆），之后进行腐熟陈化配料流程。经过精细化堆肥的堆体，经过检验分析堆肥品质后，适当调配好各元素比例，将堆肥风干陈化后，准备生产。

2.2　种养结合的主要模式

2.2.1　北方"四位一体"生态农业模式

北方"四位一体"生态农业模式最早在我国辽宁省推行，属于我国推广的"十大生态农业典型模式和配套技术"之一，主要在北方各省推广。该模式通过粮食作物或饲料作物种植，为家畜、家禽提供饲料；以人、畜禽粪便（均为有机废弃物）等作为沼气池的原料；沼气池通过对有机废弃物的发酵转化产生沼气，从而消除细菌病毒，同时还可以有效地控制所饲养的家禽、家畜的疫病。将沼气作为能源替代柴草，减轻了环境压力。沼液、沼渣作为高效有机肥，可以替代化肥和部分农药改良土壤，用于大棚蔬菜种植（图2-5）。

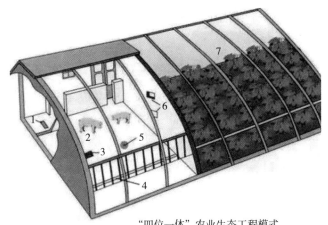

"四位一体"农业生态工程模式
1.厕所 2.猪禽舍 3.沼气池进料口 4.溢流渠
5.沼气池 6.通风口 7.日光温室

图2-5　北方"四位一体"生态农业模式

　　"四位一体"生态农业模式的基本原理是根据生物间物质和能量的循环，模拟自然调控，进行人工调节的生态农业生产模式。四位一体的"四位"分别为：可再生能源（如沼气、太阳能）、设施栽培（如大棚蔬菜）、日光温室养殖（如温室猪圈）及废弃物处理设施（如厕所）。通过合理配置四个主体以形成太阳能、沼气为能源，以沼渣、沼液为肥源，实现种植业、养殖业相结合的能量流、物质流良性循环系统。

　　北方"四位一体"模式，首先需要建设一个日光温室，温室内种植蔬菜、瓜果等相关作物。在温室的一侧，同时建立一个适度规模的猪圈，一般可同时养猪8～12头猪，猪圈下配套建有沼气池，沼气通过管道通往厨房和温室。

2.2.2　南方"猪 – 沼 – 果 – 菜"生态农业模式

　　南方"猪 – 沼 – 果"生态模式及配套技术是我国十大典型生态农业模式和配套技术之一。与北方"四位一体"的模式相对应，是针对我国南方地区的光热条件、农业资源、生产情况相适应的一种生态农业生产模式。

　　该模式主要以家庭为单元，结合果园、菜地种植，根据果园、菜地大小建设一定规模的生猪养殖场、圈（可以是小规模分布式的，也可以是移动式的），将生猪养殖在接近于自然的环境条件下，并配合建造沼气设施，将养殖排泄物腐熟、发酵获取沼气，残渣和沼液作为果园、菜园的有机肥，同时可以配合果树，进行行间种植蔬菜或牧草（牧草可喂养生猪），形成"果 – 菜 / 牧"的种植模式。

　　利用南方山地、农田、庭院等采用"沼气池、猪舍、厕所、果林、菜地"三结合工程，围绕主导产业，因地制宜开展"三沼（沼气、沼渣、沼液）"综合利用，从而实现对农业资源的高效利用和生态环境建设、提高农产品质量、增加农民收入等。

　　实践中，南方"猪 – 沼 – 果 – 菜"生态种养殖模式主要以养殖带动，以沼气建设为重点，利用猪粪和农村秸秆等废弃物下发酵产生沼气后，可供农户照明、烧饭，解决农村生活能源问题。利用沼肥浸种、施肥、喂猪、养鱼，形成"废弃物 – 沼气池 – 农村能源 – 种植 – 养殖"循环的生产模式。

2.2.3　"农 – 林（果）– 牧业"（林畜和林渔）复合模式

　　我国常见的"农林 – 牧"间作形式为林下养殖，在木材、果林下配套进行畜禽的养殖。还可以结合林下牧草种植,实现养殖饲料自给。林下空间普遍较大,冬暖夏凉,草叶鲜嫩,活动空间大,虫类资源也十分丰富,适于养殖畜禽,禽畜留下的粪便也利于提高土壤肥力,促进林木生长。"林-渔"结合型最普遍的做法是在鱼池周围种植林木,即起护堤作用,同时又可为鱼类提供部分饲料。

林下经济模式是一种将农场资源利用最大化的动物-植物体系有机结合的模式,其主要有林禽模式、林畜模式。林下经济模式中,植物的生长衰落为动物提供食物,植物的凋落物被微生物分解滋养土壤,动物在林下正常生长和觅食活动,符合有机农业"四大原则"中的"公平原则",充分保护动物的自由、健康权益,同时禽畜粪便随机进入林地土壤,有利于林间植物的养分吸收,是一种健康、有机的农场经营模式。

在林下种植牧草或保留自然生长的杂草,在周边地区围栏,养殖柴鸡、鹅等家禽,树木为家禽遮阴,通风降温,便于防疫,有利于家禽的生长,而放牧的家禽吃草吃虫不啃树皮,粪便肥林地,与林木形成良性循环链。在林地建立禽舍省时省料省遮阳网,投资少,远离村庄没有污染,禽粪进入土壤供给林木生长所需养分;林地生产的禽产品质量好、价格高。其中在有机农场中被采用最多的林禽模式是"鹅立鸡群",一方面通过鹅的活动预防田间黄鼠狼对鸡的捕食;另一方面增加农场物种多样性,形成良好的生物循环链。

林地养畜目前主要分为放牧和舍饲两种模式。放牧是利用林间种植牧草及树下可食用的杂草发展奶牛、肉用羊、肉兔等的养殖方式,既解决了农区养羊、养牛动物无运动场的矛盾,有利于家畜的生长、繁育,同时也为畜群提供了优越的生活环境,有利于防疫。舍饲家畜如林地养殖肉猪,一方面林地有树冠遮阴,夏季温度比外界气温平均低 $2\sim3℃$,比普通封闭畜舍平均低 $4\sim8℃$,更适宜家畜的生长;另一方面林地面积较大,有利于家畜的活动,对家畜健康生长有益。

实践证明,通过适当发展林下养殖业,可收到较好的经济效益,林牧结合是促进和发展生产及增加收入的一个重要途径,林下养殖的养殖品口味更好,营养更加丰富。此外,多数林区内都有河流、水坑、水塘等,在林木的水土过滤下,一般水质均较好,养殖也提高整体经济效益。

2.2.4　秸秆－牛羊－沼气/食用菌生产循环模式

秸秆经揉丝后变成青贮、黄贮饲料喂饲牛羊，牛羊粪便等制成沼气用于做饭、照明及取暖。

秸秆青贮是在厌氧条件下，利用秸秆本身含有的乳酸菌等有益菌将饲料中的糖类物质分解成乳酸，当酸度达到一定程度后，抑制或杀死其他有害微生物，从而达到长期保存的目的。秸秆黄贮是指在挤丝揉搓后的青绿秸秆草丝中加入微生物制剂，利用微生物对秸秆进行分解，使秸秆软化，并将其中的纤维素、半纤维素以及木质素等有机碳水化合物转化为糖类，最后发酵成乳酸及其他一些挥发性脂肪酸，从而提高瘤胃动物对秸秆的利用。

与直接采食秸秆相比，秸秆饲料易于消化吸收，且粗蛋白含量提高 6%，可使牲畜的采食率达 100%；秸秆经高温高压的消毒杀菌作用后，降低了牲畜的发病概率；秸秆压块后体积缩小，减少储存空间，方便运输，且存储期长达 1～3 年；秸秆饲料为养殖业可持续发展提供了充足的饲草保证，也为闭牧舍饲和抗灾保蓄提供了可靠的饲草来源，降低了养殖成本。

秸秆经揉丝后变成青贮、黄贮饲料，牛羊粪便和揉搓后的玉米秸秆可作为生产双孢菇的基料。另外，还可利用牛粪、玉米秸秆做培养基，用沼气池产生的沼渣、沼液浇料发酵生产双孢菇，形成更为良好的循环农业产业链。

2.2.5　北方地区规模化种养结合生产模式

综合北方地区代表性种植模式，将作物种植与畜禽养殖相结合，从生产的全流程出发，建立一种高效、低耗、低污染的种养结合模式，该模式实行秸秆饲料化、粪便肥料化，充分发挥了秸秆的价值，形成节粮型畜禽养殖，替代了部分饲料，缓解了养殖主体的饲料压力，可实现农业废弃物综合利用，形成种植业与养殖业的循环链条，促进了农民增收和农村经济的发展。

北方地区种养结合生产模式包括源头减量、过程消纳和终端回用三个单元组成（见图 2-6）。可依具体养殖内容、养殖方式，因地制宜选择不同终端回用技术，形成从源头节水减排，到秸秆粪便循环利用的种养结合农业发展模式。

北方种养结合生产模式可促进经营主体向更加精细的生产方向发展，不仅能够提升农产品的市场竞争力，还能够提升从业人员的技能水平，促进循环农业中新技术的推广和新产品的应用。

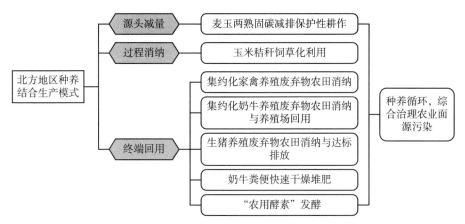

图 2-6 北方地区种养结合生产模式流程图

畜禽饲食消耗量大、消化率高，在实际生产过程中，将秸秆饲料化能够有效缓解农户养殖畜禽的饲料成本压力，农户畜禽种养结合模式为经营主体减少了生产成本，实现了更好的经济效益。

饲料和秸秆经畜禽过腹后，排放的粪便经发酵制成有机肥还田，能够促进农作物生长，并减少化肥的使用量，不仅降低了农户的生产成本，同时为畜禽养殖和作物种植两个生产环节实现了价值提升，实现了无公害、绿色、有机生产。

第三章
绿色优质农产品生产实践

在农业生产实践中，许多企业一直践行农业绿色发展理念，将一种或多种农业绿色生产技术不断应用到生产过程中，并取得了显著成效。本章选取了我国目前应用农业绿色生产技术较多的作物品种进行介绍，以便为广大农业生产企业提供学习和借鉴。为了更具有代表性，我们每种作物选取3～5家全国具有代表性产区优势产品进行介绍。

第一节　水稻

1. 水稻绿色生产关键技术

水稻是我国最主要的农作物之一，其产量和品质与国家粮食安全、人民群众对美好生活的向往密切相关。千百年来，我国在水稻种植、加工等方面形成了独具特色的生产技术，如绿肥种植轮作、秸秆还田、稻鱼（鸭）共作等，这是我们要传承、发扬的。此外随着科学技术的进步，许多新的生产技术，如物联网、数字农业、智慧农业等的大规模应用为水稻绿色生产插上了科技的翅膀。总的来说，现代水稻生产涉及的绿色生产技术主要有以下几个方面。

1.1　循环水养殖 + 稻渔（鸭）共作

稻渔（鸭）共作具有除草、除虫、防病、施肥、中耕浑水、刺激生长、节水效应七大直接效果。让农业用水在"鱼池－环沟－稻田"中闭合循环，将养鱼产生的富营养水用于水稻种植，经稻田净化后的水再用于养殖鱼、蟹等，通过养蟹除草、以渔治碱、养鸭治虫等措施改善稻田生态环境，形成了一田多用、一水多用的"1+X"稻渔种养模式，在提高水资源利用效率、重塑农田生态系统的同时，增加了大米、稻田鱼（蟹、鸭）等生态产品的产出。稻渔（鸭）共作每亩节约灌溉用水 30%、节约有机肥 100 千克左右，达到节本增效、提高土壤肥力的目的，实现农业绿色循环发展。

1.2 绿色施肥技术

1.2.1 绿肥轮作

在水稻收割后轮作绿肥（包括紫云英、苕子、蚕豆等），第二年的 4～5 月份全部耕翻还田，每亩鲜草产量在 1500～4000 千克。先用碎草机全田碎草，再用拖拉机旋翻或耕翻还田。

1.2.2 秸秆还田

水稻收获后立即进行秸秆还田作业，潮湿的秸秆有利于秸秆还田机的切碎与掩埋，并有利于秸秆的腐烂。土壤含水率保持在 15%～25% 以利于秸秆充分腐熟分解。水稻秸秆还田前应切碎，其长度 ≤ 10 厘米，均匀抛撒。秸秆深耕还田深度控制在 15～25 厘米，这样可减少田间菌源数量及二化螟幼虫数量，从而减轻病虫危害。

1.2.3 精准科学施肥

选用侧深施肥插秧机进行定量精准施肥，在水稻机插秧的同时，利用施肥装置将肥料一次性定位、定量、均匀、可靠地施在秧苗根侧下方的泥土中，实现节肥、省工、减少污染的目的。

1.3 绿色除草技术

1.3.1 稻鱼、稻鸭除草

稻鸭共作鸭的除草效果十分出色，除了鸭的直接采食、间接践踏外，浑水灭草也是一个重要的方面。

1.3.2 物理除草

（1）稻糠灭草

稻糠富含淀粉和粗蛋白，B族维生素及氮、磷、钾、镁、钙等营养物质，在水中降解后，释放的营养物质成为水稻生长重要的营养物质，稻糠在防治水稻田杂草方面的作用突出，稻糠在水中发生强还原反应，消耗了水中大量的氧气，释放出二氧化碳，从而阻碍了杂草根系发育和种子的萌发，产生的低级有机酸可抑制杂草发根发芽及损伤杂草心叶，稻糠分解后使田水透明度降低。水稻返青时，将水排净，每平方米撒施稻糠0.2千克。

（2）酸制剂除草

杂草较重的地块，亩施10千克食用醋（酸度在5度左右），利用酸性抑制杂草种子发芽和生长。（注：此法不能每年用，土壤易酸化）

（3）人工栽秧

为防水田杂草，我们在有机田实施人工栽秧。旱育稀植人工栽秧虽然成本较高，但人工栽秧田间可直接灌水，以水压草，可大大减少水稻中后期田间人工除草。

（4）生产方式除草

采用覆膜移栽方式，覆膜机插技术在有机水稻种植过程中可有效控草，解决人工除草的问题，降低人工除草成本，具有显著的生态效益与社会效益。

1.4 病虫害绿色防治技术

1.4.1 智能化虫情监测

在稻田设置虫情测报和孢子捕捉器、作物四情监测场若干个，实时分析虫情，通过孢子捕捉进行病害分析。孢子捕捉仪远程自动监测病原病害孢子，加强病害预测预警；虫情实时监测，科学防治，降低农药使用量，节省用药成本；根据孢子捕捉和虫情测报数据，全面推广应用绿色防控技术，科学病虫害防控。

1.4.2 物理防治

（1）灯光诱杀

大部分害虫都具有趋光性，可以在田间设置诱虫灯，这样不仅可以杀死成虫，还能够减少虫卵量。为了可以提高诱虫灯使用效果，尽可能采用成片安装形式，保证稻田一定范围内具有一盏诱虫灯，通常每 2.5 公顷设置一盏诱虫灯即可，同时要控制诱虫灯距离地面的高度，大约距离地面 1.5 米即可。使用时，在水稻成虫发生期，傍晚开灯、天亮后关灯，每 4 天到灯下清理一次死虫。

（2）人工扫除负泥虫

1.4.3　生物防治

（1）草把诱杀黏虫

配合吸引害虫药剂，可以将白酒、水、醋、糖按照 1∶2∶3∶4 的比例配置成糖醋溶液，并在其中加入少许的黏合剂，在田间插上带有糖醋液的草把，每亩土地安装 70 个草把即可，草把之间的间距控制在 20 米左右，并且每100 米设置一个长竹竿用于吸引高处的害虫，让害虫黏附在草把上，进行人工捕杀。

（2）鸭稻共作

鸭子以小鸭为主，通常鸭子体重在 0.1～0.3 千克，否则会破坏稻田。鸭子放养量要适中，每亩地放养 20 只小鸭即可。

（3）鱼稻共作

以草食性和杂食性鱼类为宜，如草鱼、鲤鱼、鲫鱼、泥鳅鱼等。稻鱼轮作，投饵饲养，每亩放大规格草鱼种 100～120 尾，鲤鱼、鲫鱼 150～200 尾，每亩产鱼量 200～250 千克。放养时间宜早，一般在秧苗移栽返青后放养。

1.4.4　化学防治

优先选用微生物农药、生物农药进行防治，在上述措施无效的情况下，选用低毒、低残留化学农药按照相关规定进行病虫害防治。

1.4.5　智能化植保喷药

可选用无人机进行精准施药。能够实现定点、定高飞行，具有实时监控、工作效率高、喷洒效果好、不受地形影响等优势。

1.5　数字农业和智慧农业技术

"互联网＋现代农业"通过对农业精细化生产，实施测土配方施肥、农药精准施用、节水灌溉，借助互联网及二维码等技术，建立全程可追溯、互联共享的农产品质量和信息服务平台，健全从农田到餐桌的农产品质量安全监控和管理体系。

1.5.1　农作物遥感监测

利用无人机平台搭载高清数码相机，拍摄从抽穗期到成熟期的水稻冠层影像，从水稻冠层图像中提取出穗数量并代入水稻产量估算公式进行估产。多旋翼无人机遥感平台为监测作物长势指标提供了理论依据，同时也探讨了提高产量预测精度的技术方法。

1.5.2　土壤墒情监测

在稻田设置土壤墒情监测点若干个，实时监测土壤湿度、土壤温度两类参数。根据土壤湿度监测数据和视频监控秧苗生长数据，为秧苗栽培提供数据支撑。

1.5.3　农田小气候监测

在稻田设置空气质量监测点若干个、小环境气象监测点若干个，实时监测空气温度、空气湿度、二氧化碳和光照度 4 类参数；实时监测小环境空气温度、空气湿度、光照度、PM2.5、大气压力、风速、风向和降水量 8 类参数。根据小环境气象光照度、降雨量等监测数据，发挥气象为农服务功能，做好对灾害性天气的预防工作，尽量减少强热、强暴雨等灾害性天气对农业生产的不良影响。

1.5.4　灌排智能控制方式

智能灌溉系统实现自动供水，满足作物生长所需水分要求，根据作物不同生育期特点，做到科学灌溉、精准施肥。

1.5.5　水稻生长过程模拟和调控

开展不同播期、密度和氮肥条件下的作物田间试验，研究不同管理措施下作物的生长发育及产量品质变化。利用系统分析方法和计算机模拟技术，综合作物生理学、生态学、气象学、土壤学、农学等学科的研究成果，对作物生长发育过程及其与环境和科学技术的动态关系进行定量描述，建立数学算法及软件系统。

2. 典型案例

2.1 宁夏广银米业有限公司

2.1.1 企业基本情况

宁夏广银米业有限公司成立于 2005 年 8 月，公司以"绿色生态、创新发展"为理念，建设了稻渔综合种养、粮食仓储加工、生态休闲观光、社会化综合服务为一体的一二三产业融合发展示范园区。建设全国绿色食品原料（水稻）标准化生产基地 2600 亩，有机水稻标准化种植基地 1000 亩。每年约生产优质水稻 2000 吨、稻田蟹 1 万千克、稻田鸭 2 千只、稻田鱼 5 万千克。公司重点开展水稻工厂化育秧、旱育稀植栽培、有机肥施用、生物除草、农机农艺融合、绿色高产创建、"互联网 + 农业"等关键环节技术示范推广。通过打造宁夏"稻渔空间"乡村生态观光园，大力发展乡村旅游。牵头成立贺兰县优质水稻产业联合体，开展优质水稻生产社会化服务，辐射带动优质水稻 3 万多亩。

2.1.2 绿色生产技术

积极发展生态循环农业。2018 年成功创建国家级稻渔综合种养示范区，围绕落实以水定产，改变传统的水稻种植方式，创新开展稻、蟹、鱼、鸭立体种养，在确保耕地保护和资源集约利用的前提下，建设高标准稻田、深水环沟等新型农业设施，并采用"循环水养鱼 + 稻渔共作"技术，通过养蟹除草、以渔治碱、养鸭治虫等措施改善稻田生态环境，形成了一田多用、一水多用的"1+X"稻渔种养模式，在提高水资源利用效率、重塑农田生态系统的同时，增加了大米、稻田鱼、稻田蟹、稻田鸭等生态产品的产出。获得了耕地保护、生态改善、产业提质、农民增收等多重效益，打造绿色生态立体种养示范的样板。

建设稻田镶嵌流水槽和稻渔水循环系统。把低碳高效流水养鱼与种植水稻有机结合，流水槽的养殖水体和鱼类粪便排放到稻田里，经过稻田净化后的水体再回到流水槽循环利用，每亩节约灌溉用水 30%、节约有机肥 100 千克左右，达到节本增效、提高土壤肥力的目的，实现农业绿色循环发展。形成稳定的农田生态系统，实现耕地数量、质量和生态"三位一体"保护，为提高水稻等农田生态产品产量和品质奠定了基础。

不断完善水稻绿色生产模式。通过多种模式对比实验，精选优质水稻品种进行立体种养，减少化肥、农药施用，实现农作物秸秆、农业用水、饵料等循环利用，大幅提升了大米等农副产品的品质。

2.1.3 取得的成效

（1）企业及产品获得的荣誉

公司是国家高新技术企业，自治区农业产业化重点龙头企业、科技型中小企业、农业高新技术企业。公司通过了 ISO9001 质量管理体系认证和 ISO22000 食品安全管理体系认证。2020 年 6 月 9 日，习近平总书记视察公司投资建设的宁夏"稻渔空间"乡村生态观光园时，对这里的现代特色农业和乡村旅游融合发展给予高度评价。

广银大米被授予"宁夏名牌"产品、宁夏"著名商标"和宁夏特色优质农产品品牌。主要产品蟹田米、广银稻鱼香米、广银稻鸭香米等 11 款产品通过了绿色食品认证，"广银"有机米自 2013 起已连续 9 年取得了中绿华夏有机食品认证中心的有机产品认证。公司绿色食品及有机产品加工量占总产量 85% 以上。先后多次获得中国绿色食品博览会、有机食品博览会、中国国际农产品交易会、粮油产品及设备展示交易会等产品金奖。"蟹田香米"被评为 2020 年度"中国好粮油"产品。

公司实施的"一种稻渔水循环系统"获得国家发明专利证书，"工程化流水槽循环水生态健康养殖技术示范与推广"获得全国农牧渔业丰收奖三等奖。先后取得技术发明、实用新型及外观设计专利 15 项。

（2）经济效益

公司以种植基地四种生态种养模式生产的稻谷为原料，结合当代市场营销方式，设计培育出"鸭里士多德""渔安娜""螺娜米多""蟹尔盖茨"等"稻渔空间"卡通系列和"宁夏故事"等产品，富有地方特色，寓意绿色生态，产品深受全国各地消费者喜爱。通过"一产提质、二产带动、三产增效"，逐步形成了立体种养、粮食加工、电商销售、生态旅游、社会化服务等多种产业形态，一二三产业之间相互渗透、融合发展，农业功能不断拓展，产业集聚效益提升，实现了"1+1+1 ＞ 3"的发展效应，促进了生态价值的转化。稻渔综合种养种植区内的亩均净产值达到 3400 元，是普通水稻种植的 2 倍多，亩均增加效益 1000 多元。同时，生态旅游产品的开发也吸引了大量游客，2021 年"稻渔空间"接待游客达到 27 万人次；依托每年春秋两季的绿色生态观光游活动、丰富多彩的旅游项目和绿色农产品的销售，旅游旺季日均旅游收入上万元，实现了生态产品的增值溢价，经济效益十分明显。

（3）生态效益

通过稻渔立体种养，重塑了农田生态系统，优化了水稻种植、加工和养殖产业布局，实现了农作物、水产、畜禽的生态综合利用，形成了良性循环、相互促进的自然生态复合系统。通过养殖尾水、农田用水的循环利用，农田种植和养殖的亩均用水量减少了 1/3，大幅提高了水资源的使用效益。同时，通过稻渔立体种养和综合利用模式，完成了 2600 亩盐渍化土地的改良，比普通稻田种植减少了 30% 的化肥和农药使用量，有效保护了当地自然生态系统，提升了生态产品的供给能力。

（4）社会效益

公司建立与农民的利益联结机制，盘活了农民土地资产，增加了农民财产性收入。213 户农民土地入股 2000 亩，每亩保底收益 800 元、2021 年二次分红达到 93 元，全年实现收益 178 万元，户均增收 8357 元。192 户农民土地流转 1600 亩，每亩收益 800 元，每年实现收益 128 万元。"稻渔空间"聘用村民 80 余人务工，人均年收入 3 万元左右，全年增收 240 余万元，解决了四十里店村及周边的农民就业问题。带动周边 485 户农户发展优质水稻种植和稻渔综合种养，每年实现增收 536 万元。通过一二三产业融合发展，实现了促进农民就业增收、村集体经济内生发展，走出了一条生态保护、经济发展和乡村振兴的共赢之路。目前，正进一步完善与农民的利益联结机制，通过打造贺兰县稻渔小镇，将周边农民闲置房屋进行集中改造，建设乡村振兴学院、特色农产品一条街、餐饮农家乐集中区等，让游客在休闲娱乐的同时将好的绿色优质农产品带走；通过土地和房屋入股等方式，实现农民持续增收。2022 年"稻渔空间"预计游客人数将达到 30 万人次以上，按照人均消费 100 元计算，全年可实现收入 3000 万元。如果村集体及农户占股比例达到 30%，则每年可实现毛收入 900 万元，带动农民走上实现共同富裕之路，成为宁夏乡村振兴的"样板"。

2.2 黑龙江孙斌鸿源农业开发集团有限责任公司

2.2.1 企业基本情况

企业成立于 1999 年，注册资本 6600 万元，年实现产值近 2 亿元。创建了"龙头企业 + 合作社 + 基地 + 农户产业"模式，订单种植面积 30 万亩。

2.2.2 取得的成效

（1）提供更多优质产品

公司是全国最早推行绿色食品的企业之一，申领了绿色食品证书 4 个，核准产量 32440 吨，有机食品证书 3 个，核准面积 4525 亩。

（2）形成了一套完整的绿色生产体系

公司以生产健康食品为己任，以绿色水稻种植为方向，以自有水田面积 10200 亩为抓手，探索并制定出一整套绿色食品大米从种子选育到种植、管理、收获、仓储、加工、销售等一系列措施，

（3）打造了绿色生产的全产业链

公司围绕绿色稻米产业产前、产中、产后服务的功能定位，着力构建覆盖全程、深度融合发展的农业社会化服务体系，促进传统农业提档升级，为实现食品健康提供有力服务保障。

（4）带动了相关产业共同发展

公司紧紧围绕一个产业（绿色稻米全产业链），依托一个实体（黑龙江孙斌鸿源农业开发集团），打造一个体系（农业社会化服务体系），服务一个群体（广大用户）。形成家庭农场、合作社、种植大户的金融和服务于一体的国家级产业化扶贫龙头企业、国家级高新技术企业、省级农业产业化重点龙头企业和省级绿色食品产业化龙头企业。

2.3 江苏嘉贤米业有限公司

2.3.1 企业基本情况

企业公司成立于 2002 年，是专门从事优质绿色有机稻米和绿色鸭肉生产开发的科技型农业龙头企业。公司从事稻鸭共作技术已有 18 年，该技术种植有机稻米已有 15 年，积累了比较丰富的经验。

2.3.2 取得的成效

（1）获得多项认证

公司 2004 年通过中绿华夏有机食品中心认证，并获得有机大米证书，2005 年获得了无公害产地认证和无公害产品认证证书，2011 年嘉贤牌香米和稻鸭共作香米获中国绿色食品发展中心绿色食品证书，被农业部稻米及制品质量监督检验测试中心授予"稻鸭共作·优质无公害稻米生产定点基地"企业。

（2）获得多项荣誉

近年来公司的有机大米连续荣获中国国际有机食品博览会金奖；稻鸭共作香米 2014 年获第十五届中国绿色食品博览会金奖，获"首届江苏消费者最喜爱的绿色食品"称号。

2020 年 8 月 26—27 日中央电视台中文国际频道（CCTV–4）《远方的家》栏目组 8 月来公司有机水稻基地，对稻鸭共作有机稻米生产过程及有机米的品尝进行采访拍摄。

2.4 昆山巴城大米

2.4.1 企业基本情况

巴城镇高标准粮油基地建于 2014 年，规划总面积 5556 亩，总投资 8600 万元。公司依托江苏省现代农业产业技术体系，基地先后与上海市农业科学院、江苏省农业科学院、南京农业大学等科研院校对接，开展优良食味水稻品种筛选、绿色生态种植技术展示、中高端稻米产业化开发。2018 年基地对 200 亩核心示范区建设农田进排水循环和生产尾水净化系统，配备水质在线自动监测设备，形成全封闭的稻田水循环灌溉系统。公司与当地农技推广中心共同探索"以渔促稻、稳粮增收"的稻渔综合种养新模式。

2.4.2 取得的成效

（1）获得的荣誉

2017 年 3 月，基地被评为"江苏现代农业科技综合示范基地"。

"巴城"牌系列大米，以品种多、口感好、生态安全，赢得了口碑，先后获得"江苏好大米"银奖、"江苏省稻田绿色种养"金奖。

2019 年 12 月，基地获得绿色食品认证。2021 年 1 月，基地获得中绿华夏有机食品认证中心有机认证证书。

（2）经济效益

基地稻麦生产连续丰收。2018年水稻亩产550千克，2020年水稻亩615千克，增幅11.8%，2020年亩产值2850元。

劳动效率明显提高。育秧中心智能化生产流水线提高劳动效率120%。

用工成本明显下降。应用农机安全监督管理信息系统，加快农机装备和农机智能化建设，每亩节省劳动力成本100元。

（3）生态效益

肥药使用持续减量。2018年基地水稻平均每亩用肥23.36千克，每亩用药1.11千克。结合土壤墒情监测、测土配方施肥和虫情测报、孢子捕捉分析等信息技术，推广应用物理和生物方法诱杀虫和茅根草、蜜源植物复合种植等绿色防控技术，2020年水稻平均每亩用肥20.82千克，每亩用药0.93千克，用肥用药量分别比2018年下降10.8%和16.2%。

基地秉承"绿色、循环、低碳"的发展理念，全力推进农业生态文明建设。水质在线分析和水环境在线分析历史数据显示，基地采用排水沟湿地、净化塘植物净化理论和动物蛋白能量转换原理，有效降解了氨氮等富营养物质含量，减少农业面源污染对周边环境的影响，为落实农业园区建设、"稻+N"循环种养模式、农业种养殖循环工程和稻麦绿色防控等举措提供科学依据。

第二节　茶叶

1. 茶叶绿色生产关键技术

国内虽然茶品种不同且分布广泛，但主要分布在山区、丘陵地区，因此，充分利用地形、地势是开展茶叶绿色生产的重要形式。此外，相关套作、间作，专用肥料、农药及智慧农业的相关技术也是茶叶绿色生产的重要方式。目前，国内关于茶叶绿色生产的突出技术主要有以下几种。

1.1 林茶混植复合生态模式

林茶混植生态系统具有复杂的群落结构。鸟类和捕食性猛禽类增加，园内昆虫群落结构随林木种类、树冠形态、荫蔽程度而不同。茶树螨类、蚧类、叶蝉的种群数量极少。林茶混植的林木不与茶树争水、争肥，保证了茶园湿度，降低温度，提高荫蔽度，降低风速，控制病虫害传播。林木相互连接成片，茶树形成的"树篱"或林木形成的"林篱"，适应了生物的栖居繁衍，提高了茶园生态系统中的生物多样性，提高了种群数量，增强了种群间的依存关系，适应当地珍稀濒危动物和地方生物种群的生存，保护了物种多样性、遗传性多样性。

1.2 作物微生物共生系统

茶树属多年生作物，茶园土壤是微生物生长繁殖的良好环境，是有机质自我丰富的生态系统，茶树根际环境是茶树生长发育、营养吸收和新陈代谢的场所。在茶树根际环境中，微生物广泛存在，并对茶树的生长繁殖产生了多方面的影响。根际微生物的生命活动及其新陈代谢产物增加了土壤养分，致使有机质在分解和再合成的过程中腐殖质化，促进了稳定的土壤结构的形成。茶园根际微生物数量大、种类多，其生理活性有助于茶树根际营养物质的转化，补充了某些成分的不足，对改善茶园根际土壤的生态系统及适应茶树生育和代谢的需要，起了非常重要的作用。土壤和空气及其特性为植物相关的微生物提供了物理空间。茶树根部（即地下部）的微生物受土壤类型、土壤形成史、养分含量及水分含量的影响，尤其是在生长季，土壤也影响地上部的植物相关的微生物组成，微生物细胞的数量从土体到根表是逐渐增加的，对于茶树作物来说是一个优越的生长条件。作物微生物共生、相互作用的模式、营养交换、相互依赖、微生物间代谢物相互交换有利于作物的生长。

1.3 种养循环系统

发展种养结合循环农业，以资源环境承载力为基准，优化种植、养殖业结构，开展规模化种养加一体建设，逐步搭建农业内部循环链条，促进农业资源环境的合理开发与有效保护，不断提高土地产出率、资源利用率和劳动生产率，带动绿色茶产业稳步发展。实施农作物秸秆综合利用，重点推动炭化还田改土、基料化项目建设，通过科学布局种养产业，配套施用畜禽粪便、秸秆、沼气、沼液、有机肥等，构建了以主体内种养结合为重点的主体小循环，区域内养殖业和种植业紧密联结，通过沼液池建设，实现养殖沼液到园区基地应用。

1.4 智慧农业生产系统

茶园建设以物联网和云计算技术为基础，构建智慧茶园控制管理系统，实现视频采集分析，数据采集分析，远程水肥一体化管理等功能。通过物联网及溯源应用平台和云平台大数据的运用，将农业生产中的所有水肥一体化信息、土壤信息、气象信息、视频信息等进行综合分析，集合茶叶本身的生长特性，创建大数据采集分析系统，形成有效的茶园生产管理机制，指导科学的种植和管理。

1.5 精细化、智能化管理技术

通过物联网的终端节点进行茶叶生长过程中的温湿度、光照度、土壤湿度、可溶性盐浓度等环境因素的实时测量；由视频传输系统对基地进行视频图像采集；由水肥一体化管理控制终端对基地生产数据进行实时传输，对茶叶的生长过程进行监测。项目通过水肥一体化将灌溉与施肥融为一体，根据茶树的不同生长期的需水、需肥规律、土壤环境和养分含量的状况，把水分、有机质、养分定时定量按比例直接提供给茶树，不仅保证了茶叶的产量和质量，而且实现节水、节肥、省工、省药、增效的目的。

1.6 因地制宜开发、使用专用肥料和专用微生物杀菌剂

推行茶园覆盖，采用芒箕秸进行园面覆盖，推广稻草覆盖，既中和土壤酸碱度，又保水、保土、保肥，还增加土壤有机质；在茶园内种植豌豆、黄豆等经济绿肥，增加园面覆盖度；适时开展茶园翻耕，使茶园翻耕成为企业管理茶园的日常事项，并对土壤有机质、矿物质、微量元素及时补充。针对不同地区在茶叶生产的种植、加工过程中产生的废料，开展废料有机肥基质化综合利

用实验；针对茶树开展专用茶树生物有机肥配方的研发与施肥效果实验，综合评价茶树专用生物有机肥对茶树生长、茶叶品质和土壤生态等的影响。开发选择适用本地区的专用肥料和专用微生物杀菌剂。

2. 典型案例

2.1 福建春伦集团有限公司

2.1.1 企业基本情况

福建春伦集团有限公司成立于 1985 年，主要生产各种"春伦"牌福州茉莉花茶、绿茶、铁观音、大红袍、红茶、白茶、速溶茶、茶饮料、保健茶以及高、中档礼品茶和茶食品等，年生产量 360 多万千克，年销售量 330 万千克以上。

在福州地区设有 800 亩的生态旅游观光园、春伦茉莉花茶文化创意产业园、福州茉莉花茶科普示范基地和 7000 亩的春伦茉莉花生态种植基地，在闽东、闽北、闽南等高山地区建立了 4.2 万亩的绿色茶园基地。全国范围内拥有200 多家直营店与春伦名茶茶馆。

2.1.2 生产中突出的绿色生产技术

（1）加强茶山规划，实施园林化种植

根据福建丘陵山地的地形地貌特征，山头面积较小的特点，茶山按照山头划分规划种植模块，秉承"一山一风景"的理念，开展茶园的园林化种植，并按规划逐步到位。山顶"戴帽子"，山顶保留原生态环境种植的树木品种或根据地势高低栽植适合的树木品种；中间"缠带子"，适当种植一些不高的乔木或灌木，采取稀疏种植方式，作茶园之间的分隔带；山脚"穿鞋子"留足留够隔离带、保护行的草地或树木；山两侧"留路子"，顺着山势建立必要的茶园小道，小道两侧保留杂草，稀植名贵草木或花草增加茶园的活力。

（2）坚持因地制宜，建立间作模块化体系

茶山按山头划分模块，选择适宜福州及周边气候条件的豆科绿肥作物如圆叶决明、三叶草、毛叶苕子、箭筈豌豆、紫云英等，分别用于茶园内的间作体系中，增加茶山四季色彩，实现"一山一风景"理念，并依据气候以及绿肥作物的生长期，适时翻耕肥化，减少外来肥料的使用。

根据不同绿肥品种和茶树品种，探索不同的种植翻耕方式。开展不同方式对土壤的影响分析评价，翻耕肥化后测定茶园土壤营养成分与微生物多样性的变化，分析规律，合理评估该模式对土壤环境的改善情况；开展不同方式对茶树的影响分析评价，比较不同间作绿肥及翻耕模式对茶树生长、病害等方面的影响；根据绿肥品种开展茶园固氮菌群的筛选培育，探索供试绿肥豆科作物高效优势共生菌的筛选及专用高效固氮体系的建立与应用。

（3）结合提质增效，开展茶树专用生物有机肥研发与应用

茶园肥料的使用，按照有机生产模式采取多种措施，严格控制外来肥料的施用，积极结合茶园间作体系的建立，开展专用固氮菌的筛选与应用，配合间作体系中绿肥作物的不同，采取专菌专用、茶树专用肥料专块专施的措施。

根据公司实际情况，采取不同措施。针对老茶树生长活力下降等问题，开展优势、适宜促根系生长与营养吸收高效菌株的筛选与应用；针对茶叶生产的种植、加工过程中产生的废料，开展废料有机肥基质化综合利用实验；针对茶树开展专用茶树生物有机肥配方的研发与施肥效果实验，开展茶树专用生物有机肥的施入对茶树生长、茶叶品质等的综合评价，开展施用茶树专用生物有机肥对土壤生态影响的综合评价。

（4）积极拓展延伸，开展茉莉花园专用生物有机肥研发与应用

根据茶树专用生物有机肥的研发与应用思路，研究开发针对茉莉花的专用生物有机肥。为进一步提高生物有机肥料使用效果，按照茉莉花不同生长阶段（主要是生长期、开花期两个阶段）开展专用生物有机肥的研发应用，以达到茉莉花生长期能旺盛生长充分积蓄能量，开花期漫山花苞、花蕾均匀。开展专用生物有机肥施用对茉莉花香气成分组成的影响，进而分析其对茉莉花茶生产的影响等，综合评价该专用生物有机肥的功效。

（5）合理因势利导，建立病虫害生物防控体系

为提高茶叶品质、降低农药的影响，积极采取针对性的生物防控措施，针对茶树天然重茬，根腐病、枯萎病严重的问题，开展优势、高效茶树防病专用生物杀菌剂（生物菌农药）的研发与制备。针对茶树赤星病、根癌病等筛选高效防病专用益生菌，专用防病生物制剂的制备，施用方法、用量等的探索，

并对所做研究对象进行了效果评价（发病情况、不同用法用量的差异），同时开展了对茶叶品质等改善的情况分析。

2.1.3　取得的成效

（1）企业获得荣誉

目前福建春伦集团有限公司的"春伦"商标是中国驰名商标，公司已经是农业产业化国家级重点龙头企业、"世界最具影响力品牌"企业、"中国茉莉花茶传承品牌"企业、中国茶业行业百强企业。

（2）贯彻绿色发展理念，开展碳达峰、碳中和茶园碳汇基础工作

在国家碳达峰碳中和的大战略背景下，春伦集团采用了综合绿色茶园建设，并通过与科研院校的合作，共同研究农业农村领域减排固碳措施，春伦集团创新性地进行了茶园碳汇资产核算的探索，通过在茶园基地选择若干种不同年龄段样地，所选样地均具有相同的土壤类型、土壤母质、坡向和相同的肥料施用量。结合基地的农业小气象数据（包括最高温度、最低温度、降水量、太阳辐射和相对湿度）、叶面积指数数据（LAI）以及土壤质地数据，通过算法模型定期统计分析并形成春伦茶园基地的碳汇数字档案。为福建省农业碳达峰碳中和在茶园领域进行了试点示范，运营充分贯彻落实可持续发展理念，项目生态效益显著。

（3）注重科技创新，打造行业技术高地

公司长期与中国农业大学、福建农林大学、中华全国供销合作总社杭州茶叶研究所等多家科研单位建立合作联系，并积极开展闽台农业交流合作，与台湾地区合作联合推进、共同建设山地有机茶可溯源制度，在各方共同推动下设立了"院士工作站""博士工作站"。

春伦集团科研与创新中心于2013年正式建成并开放运行，该中心包括国家农产品加工技术研发茉莉花专业分中心、福建省茉莉花茶企业工程技术研究中心、福建省省级技术中心等。

目前春伦集团已经成为"全国茶叶标准化技术委员会花茶工作组秘书处"的常驻单位，参与制定了《T/CSTEA 00002—2019窨茶用茉莉扦插育苗技术规程》《DB35茉莉花茶冲泡与品鉴方法》《GB/T 22292—2017茉莉花茶》《GB/T 34779—2017茉莉花茶加工技术规范》等一系列团体标准、地方标准和国家标准。

2.2 安徽翰林茶业有限公司

2.2.1 企业基本情况

安徽翰林茶业有限公司于 2006 年 11 月成立，注册资金 620 万元，产品主要生产"绿环兰香"系列品牌名优绿茶，是泾县规模较大的集茶叶种植、加工、经营为一体的茶叶生产企业。具有年生产绿茶 308 吨的加工能力和绿色食品茶叶基地 3600 亩认证面积的高品质、标准化优质茶园。

2.2.2 生产中突出的绿色生产技术

（1）建立林茶混植生态系统

以水土保持为中心，使茶园连片、茶行成条，根据园区地形地貌，营造林中有茶、茶中有林的生态环境。运用生态学原理，以茶树为核心，利用光、热、水、土、气等生态条件，提高太阳能和生物能的利用率，促进茶园生态系统内物质和能量的循环，遏制茶树病虫害。

（2）作物间、套作共生系统

茶园间作是生态防控茶树病虫害的重要措施，其能充分利用同一土地上的不同空间和土壤层，使其与茶树互利共生，形成人工立体式复合生态茶园，提高土地利用价值，提高生态、经济、社会的综合效益。合理的茶园间作能控制病虫害发生，减少化学农药的投入，提高茶叶的安全性。

1）选择木本植物间作。选择与茶树无共同病虫害的植物，杉树非茶跗线螨寄主，通过间作可改变茶园小气候环境，使茶跗线螨危害显著降低。

2）选择利于天敌种群生存的植物。间作蜜粉源植物有利于丰富天敌种群和数量，从而加强对害虫的控制效果。寄生性、捕食性天敌昆虫中部分膜翅目、双翅目、鞘翅目、半翅目、缨翅目、脉翅目、鳞翅目天敌以及蛛形纲的部分天敌，均有取食蜜粉源植物的习性。蜜粉源植物对促进寄生蜂性成熟、提高生殖力和寄生率、延长寿命、寻找寄主等更具有重要作用。间作树木的树冠与茶蓬面之间保持适宜高度差，有利于天敌上下活动，加强了对茶蓬面害虫的控制。如梨树、栗树树冠底部与茶蓬面的距离分别达到 50～80 厘米和 2～3 米，前者高度差更利于天敌往返和觅食，茶丛上层内的天敌种数、个体数、益害物种数之比、益害个体数之比均高于后者。

3）减少间作植物与茶树的资源竞争。茶园间作的生态系统中，植物占据其各自的生态位，为减弱茶树与间作植物间的竞争关系，选择与茶树在资源利用上存在时空差异的植物进行间作，如地上部高度与冠层结构存在差异，有利于光照、空间等资源利用，并可为多种生物提供适宜的栖息空间。

（3）种养循环系统

企业发展种养结合循环农业，以资源环境承载力为基准，优化种植、养殖业结构，开展规模化种养加一体建设，逐步搭建农业内部循环链条，促进农业资源环境的合理开发与有效保护，不断提高土地产出率、资源利用率和劳动生产率，带动绿色茶产业稳步发展。在农业生产经营主体内部，重点推广"猪－沼－茶"自我消纳模式，实现种养配套、就地消纳。区域内养殖业和种植业紧密联结，通过沼液池建设，实现养殖沼液到园区基地应用。

（4）多种生物肥料

1）使用以人畜禽粪为主的农家肥，增加土壤有机质；合理配方施肥，平衡土壤营养成分；施用含微生物的有机肥，增加土壤微生物菌群，活化土壤养分；推行茶园覆盖，采用芒箕稭进行园面覆盖，推广稻草覆盖，既中和土壤酸碱度，又保水、保土、保肥，增加土壤有机质；在茶园内种植豌豆、黄豆等经济绿肥，增加园面覆盖度；适时开展茶园翻耕，使茶园翻耕成为企业管理茶园的日常事项，并对土壤有机质、矿物质、微量元素及时补充。

2）在围绕主体小循环建设中，以现代化设施、清洁化生产、无害化处理、资源化利用和绿色化增效为内容上重手发力，形成了生态循环的绿色农业生产模式。

3）茶园施肥总量中1/3施用商品有机肥，实施配方施肥，并合理间种绿肥及豆科作物。按照"提升土壤质量、优化肥种结构"的总体要求，推广应用绿色生产资料。

4）加强了农业投入品管理，茶园禁止施用农药、除草剂，采用了物理、农业和生物措施有效防治病虫害，实施了茶园绿色防控，绿色防治技术覆盖率达100%。

2.2.3 取得的成效

（1）企业荣誉

企业先后被评为安徽省农业产业化省级龙头企业、安徽省标准化良好行为AAA级企业、安徽省绿色食品50强企业、全国绿色食品示范企业。2016年基地被认定为"安徽省省级绿环兰香茶标准化示范区"，2019年被认定为"全国生态茶园示范基地"，是全省唯一一家获评国家、省、市三级"绿色食品示范企业"。产品分别持续蝉联国际名茶、中国名茶、安徽十大名茶等诸多认证。

（2）经济收益

企业茶产品年销售9万千克，实现产值4500万元，利税1072万元。

（3）生态效益

通过茶叶生产、微生物还原的循环生态系统，实施茶叶生产、加工一体化，实现了复合式循环农业模式，构建起以企业为单元的生态小循环，实现了"一控两减三基本"的基本目标，企业建立起的土壤及基地环境保护的长效机制，节水、节地、节肥、节料的生产方式推广应用，农业标准化程度得到进一步提高。

2.3 安徽省祁门红茶发展有限公司

2.3.1 企业基本情况

安徽省祁门红茶发展有限公司位于安徽省祁门县，始建于1993年，注册资本1963万元。公司成立以来，积极适应市场变革，实行以品牌、渠道和技术为核心的发展模式，探索重拾并发扬百年祁红之荣耀。迄今已发展成为集茶叶种植、初精制加工、研发创新、品牌营销、国际贸易及茶文化传承与交流为一体的综合型现代化茶叶企业。

2.3.2 生产中突出的绿色生产技术

（1）茶园改造和标准化管理

对流转的茶园进行有机、低产连片改造，推广现代茶树种植技术，辅以实施标准化茶园基础设施建设、坡改梯工程等农业综合配套措施，完善茶园道路和水利设施，大力改善茶园生产条件。

（2）推行绿色生产模式

为极力推行绿色防控技术和统防统治管理模式，公司拿出专项资金，统一向茶农发放有机肥料和生物防治物品，统一采取人工和机械化除草、安装太阳能杀虫灯、粘虫板，推广生物农药绿色防控及农残生物降解技术，推进茶叶生产和管理方式的转变。

（3）建立智慧农业生产样板

公司选择在白塔基地建设天之红智慧茶园，示范面积100亩，茶园建设以物联网和云计算技术为基础，构建智慧茶园控制管理系统。

（4）实施精细化、智能化管理

保证了茶叶的产量和质量，而且还实现节水、节肥、省工、省药、增效的目的。

2.3.3　取得的成效

（1）企业荣誉

企业先后被授予安徽省农业产业化重点龙头企业、安徽省技术创新示范企业、安徽省两化融合示范企业、安徽省消费品工业"三品"示范企业、安徽省守合同重信用企业、安徽省电子商务示范企业、安徽省商标品牌示范企业、安徽省产业扶贫十大企业、安徽省劳动竞赛先进集体、中国茶叶行业综合实力百强企业等殊荣。

公司旗下"天之红"产品也先后获得中国驰名商标、国家生态原产地产品保护产品、安徽工业精品、安徽名牌产品、安徽老字号、苏浙皖赣沪名牌产品50佳、世界红茶评比"大金奖"、中国十大杰出（红茶）品牌、中国好茶叶质量金奖等荣誉。2021中国茶叶产品品牌价值评估中，"天之红"品牌价值达4.26亿元人民币，并连续十一年入选中国茶叶行业百强企业。2015年，"天之红"作为祁门红茶领导品牌，入选2015年意大利米兰世博会，荣获百年世博经典品牌和米兰世博金奖产品。这是继1915获巴拿马万国博览会和1987布鲁塞尔第26届世界优质食品评选会后，祁门红茶获得的第三个国际大奖。

（2）科技创新推动企业发展

公司联合中国农业大学、安徽省农业科学院茶叶研究所、黄山学院等高校和科研机构，建立科研生产联合体，建立健全以"省级工程技术研究中心""省级企业技术中心"为主体的科技创新体制,潜心产品技术研发,走在同行业前列。

公司承担完成省级科研项目 8 项,获省级科研成果 5 项、安徽省科技进步奖三等奖 1 项,市级科技进步奖一、二等奖各 1 项、授权专利 12 项,主持制定安徽省地方标准 3 项,发表各类论文 6 篇。

2.4 溧阳市欣龙生态农业发展有限公司

2.4.1 企业基本情况

溧阳市欣龙生态农业发展有限公司创建于 2006 年 7 月,是集生产基地、科技服务、产品加工与销售于一体的农业企业。目前拥有基地面积 2000 余亩,连锁基地面积 2500 亩。绿色有机白茶是公司的主打产品,茶园面积达 600 多亩,年产量 7.5 吨。

2.4.2 生产中突出的绿色生产技术

茶、林、果种植园是丘陵地区农业系统的重要结构形态,茶树喜荫,因此茶园布置一定数量的高大乔木不仅可以充分利用上部空间的光热资源,而且可以为茶树提供遮阴,这是林 – 茶,果 – 茶立体种植的生态基础。此外为便于管理将茶树与果树分片相间种植也是一种常见模式,同样有助于增加生物多样性。将畜禽养殖产生的废弃物和茶 – 果生产过程本身所产生的废弃物加以利用。畜禽养殖过程中产生的废弃物具有较高的水分,并有臭味,因此集中处置过程脱水、除臭是很重要的。农业废弃物处理过后用于茶园,具有改善土壤质地、提高土壤地力、抑制酸化、促进茶树生长的功能。

近年来,公司通过茶果间种与养殖复合生态模式建设及农业废弃物循环利用和装备技术研究开发。揭示丘陵地带复合生态茶园土壤养分循环规律,突破种植业废弃物和养殖业废弃物集成循环利用技术,以及茶 – 果复合生态园光合效能高效利用技术和土壤养分定点管理技术,达到减排温室气体、控制氮磷养分流失、提高土壤资源利用效率的生态管理目标。

生态茶园 – 果园 – 禽类立体种养殖为茶产业的发展开辟了一条高效的持续发展之路。茶树种植密度较高又是常绿植物,果树春季开花、夏季结果,很适合作为建设观光农业的基本素材。茶 – 果复合生态系统不仅创造直接的经济效益，而且具有保水固土，调节气候，文化旅游等价值。通过作物品种搭配、栽培方式与外部环境、营养管理、采摘修剪等技术的协调，有利于茶-果复合生态系统内的动植物形成长久的协作关系，实现物质生产和生态调节功能的平衡。

茶果间作或套种的树种常见有桃、梨、板栗、银杏等，从实践看来，桃、梨病虫害较多，且桃、梨均与茶树有病虫害重叠，桃树的分枝较低会影响茶叶采摘，银杏分枝细密、叶片重叠度较高，透光率过低。我们选择价值更高的枇杷与茶树共建立体复合生态系统，枇杷树干端直，树冠近卵形，喜温暖湿润，根系极深，对土壤酸碱度的适应范围较大，作遮阴树、行道树均佳，是绿化和果材兼用树种。果实可食，花粉是优质的蜜源，还可以借助蜂群收集蜂花粉，价值极高。枇杷叶片较大，夏季能为茶叶遮阴，早春叶片更新落入地面能够减少土壤热量散发，提高土壤温度，利于促进茶叶萌发。

通过试验，在茶园施用菜籽饼肥对改善土壤质地、遏制土壤酸化、提高氮磷效率、促进茶树生长、增强茶树生产性能都是有利的。盆栽试验证明菜籽饼肥对提高土壤保水力，降低重金属生物活性效果显著。更重要的是菜籽饼肥的使用对于增加土壤碳汇，减少温室气体二氧化碳、一氧化二氮的排放具有显著效果。

2.4.3 取得的成效

（1）公司荣誉

目前公司已经发展成为江苏省农业产业化重点龙头企业，成为溧阳农业企业标杆。公司"南山韵龙"牌白茶，通过中绿华夏有机食品认证中心有机认证，先后荣获第十六届上海国际茶文化节"中国名茶"评选金奖、江苏省第十四届"陆羽杯"名特茶评比一等奖、江苏省名优产品、江苏省第十五届"陆羽杯"名茶评比一等奖、常州市名牌产品、江苏省第十六届"陆羽杯"名茶评比一等奖、常州市知名商标、第十四届中国溧阳茶叶节暨第十二届天目湖旅游节指定接待用茶、中国长寿之乡养身名优产品等荣誉称号。

（2）社会经济效益

提升了茶果生产行业的技术水平，也为茶园的发展提出了一种生态发展新模式，具有极好的推广价值；提高绿色农业意识，促进城乡交流，弘扬先进文化；带动 300 户农民致富，户均增收 1000 元。

（3）生态效益

复合种植能提高系统的光能利用率，改善小气候环境，提高净生物产量，修剪枝叶的循环利用和有机肥的使用可以显著提高土壤贮碳能力和作物生产力。禽类立体养殖和粪便收集处理可提高空间利用率，减少对地表的干扰，减少污染，防止水土流失。

第三节　蔬菜

1. 蔬菜绿色生产关键技术

蔬菜生产具有较强的区域性特征，尤其是露地蔬菜种植，产地、时节、气候等都是影响产品质量的重要因素。对于保护地，生产可以不受时节限制，复种指数大大提高。有机肥培肥地力技术、废弃物循环利用技术、抗性品种及轮作技术、绿色防控病虫害技术、物联网应用技术等是蔬菜绿色生产的主要方式。

1.1　增施有机肥提高土壤地力技术

有机质是维持土壤地力的核心，是植物健康和抗病的基础。主要对畜禽粪便进行堆肥混拌后发酵，完全发酵后施于田间，或者使用生物发酵有机肥和微生物菌肥。将施肥总量的 80% 用作底肥，结合整地将肥料均匀混入耕作层，可以改善土壤的通透性及承载能力，为蔬菜生长提供更适宜的土壤环境。具备种养循环条件的，则以沼气池为技术运转中心，形成牲畜粪便 – 沼 – 菜（粮）的循环模式。

1.2　废弃物循环利用技术

针对蔬菜产业园的尾菜进行资源性开发，采用揉丝机对产后的蔬菜叶、秧、茎、根、落果、秸秆、杂草等物料进行彻底粉碎后施撒腐熟菌剂，缩短物料除臭、杀灭虫卵和病菌的发酵时间，完成农田废弃物到有机肥的转变。实现农业生产废弃物的资源化、减量化和无害化循环利用，使农业废弃物变废为宝，并用于农业生产。

1.3 作物轮作休耕生产技术

轮作就是将不同生理生态特性的作物进行轮栽，通过土壤微生物的作用积累养分，又以其生产的秸秆还田来防止土壤有机质的消耗，有利于保持地力。作物轮作增加了生物多样性，有利于生态系统平衡、减少病虫害的发生。种植绿肥是重要的养地措施，绿肥与主栽作物轮作是缓解连作障碍、减少土传病害的重要措施。尽量采用豆菜轮作、粮菜轮作、水旱轮作、草菜轮作、不同科蔬菜轮作、深根与浅根蔬菜轮作等。在豆科、禾本科作物之后，种植需要氮素较多的白菜类、茄果类、瓜类等，再次种植需氮较少的根菜类和葱蒜类。栽植葱蒜类后种植大白菜、香芋等可降低作物间的化感作用导致的病害。

1.4 农业、物理、生物等绿色综合防治病虫害技术

1.4.1 农业防控

选用抗耐病虫的优良品种，适时播种和育苗，合理轮作，合理控制肥水，及时去除病株，病叶，病果等。

1.4.2 物理防控

主要利用防虫网，诱虫板（粘虫板），太阳能杀虫灯，性诱捕器等进行防控。

1.4.3 生物防控

按需按季投放捕食昆虫，如蚜茧蜂、草蛉、食蚜蝇、赤眼蜂进行防控。使用生物源或矿物源制剂为主：微生物菌剂、植物免疫蛋白类制剂、苦参碱、印楝素、桉油精、柠檬烯、硅藻土、超微粉过磷酸钙等。

1.5 智能化农业环境物联网设备系统

主要适用于保护地生产中，农业环境物联网设备（蔬菜生产基地用物联五件套）可以精确了解大棚内的空气温湿度、二氧化碳浓度、土壤温湿度、光照

强度，通过操控台实现对室内环境条件的调控，利用数据中心对收集的信息进行有效的处理，由专业人员进行数据分析，从而对大棚实现精准化生产控制。

2. 典型案例

2.1 北京绿惠种植专业合作社

2.1.1 基本情况

北京绿惠种植专业合作社是一家以绿色蔬菜种植生产销售为一体的种植专业合作社，位于北京市延庆区大榆树镇高庙屯村，占地400亩，其中设施大棚120亩、露地270余亩，现有社员100户。合作社种植以生菜、青花菜为主，年市场供应蔬菜2000余吨。合作社专注于绿色、安全农产品的生产和经营，努力打造一家集种植、养殖、生产加工、生态观光、休闲旅游、农业科普于一体的现代化合作社。

2.1.2 主要绿色生态技术

（1）智能纳米膜堆肥技术

合作社引进应用了由中国农业科学院自主研发的纳米膜堆肥发酵处理技术，针对牛粪、羊粪、猪粪、鸡粪、树枝、秸秆、药渣、湿垃圾等有机废弃物进行无害化处理及资源化利用。新建了2160平方米的简易除尘室和简易储肥库，购置了智能堆肥发酵设备、铲车、翻抛机、粉碎机、滚筒筛分机、脱袋机、抓草机、地泵、粪肥破碎机、粪肥包装机、粪肥输送机等设备，处理方式依托高温发酵联动技术，使高压气体交换供氧、多因素智能联动，有效控制微生物活性，具备以下4个方面的优点：①环保无臭，采用特殊材料膜覆盖，依托其高温发酵联动技术杀死有害虫卵、草种、病菌；纳米膜微孔结构阻挡氨气、硫化氢等臭气大分子的外溢，堆体1米以外完全无臭。②投资少，无须建厂，完全替代厂房或棚体等建筑，不需建发酵槽，是槽式发酵投资的2/3，是发酵罐等一体设备投资的1/5，使用寿命8～10年。③运行成本低：无须频繁翻堆，远程智能控制，节约人工；节能降耗，每吨有机肥耗电2度；有机肥生产成本20～30元/吨。④处理速度快，能将整个处理过程由原来的1～2个月缩短至现在的 2 个星期左右。

（2）农作物病虫全程绿控技术

合作社遵循可持续发展的原则，严格贯彻落实以轮作等农业措施为基础的病虫害全程绿色防控技术体系，包括全园清洁、无病虫育苗、产前棚室和土壤消毒、产中综合防控和产后蔬菜残体无害处理等环节，具体包括蔬菜残体处理技术、棚室土壤消毒处理技术、农药精准配套量具使用技术、太阳能害虫诱杀灯控制害虫技术、性诱捕诱杀害虫技术、色板诱杀害虫技术、遮阳网 – 防虫网两网覆盖防治蔬菜病虫技术等 20 余项绿色技术。合作社平均施药次数减少 3～5 次，减少化学农药用量 27%～42%。

（3）有益植物昆虫循环利用技术

在园区闲地种植蜜源植物涵养有益昆虫并增加生物多样性，一是在园区的裸露地、空闲地种植小叶芝麻菜、黄芪、益母草、板蓝根、黄芩、丹参、柴胡、防风共 8 种以中草药为主的有益植物，在增加园区物种多样性的同时，具有保水、保肥、改良土壤的作用；二是根据园区内虫口种类及数量调查，通过释放人工繁育捕食螨、异色瓢虫、丽蚜小蜂、蚜茧蜂等天敌，调节物种种类平衡。

在蜜源植物周边设置昆虫酒店涵养天敌昆虫控制害虫。根据各类天敌昆虫的习居习惯，为昆虫提供可供选择的不同生存空间，增加田间天敌种类及数量，减少周边环境害虫数量，有效调节昆虫益害比；同时还可为蜜蜂等授粉昆虫提供栖息场所。通过设置昆虫酒店，提高田间生物多样性，减少病虫害发生。

（4）产品质量追溯技术

基地管理者负责对绿色生产地块编号，对绿色产品的生产批号以"地块编号 + 产品代号 + 收获日期"来编制，对绿色产品的追溯以生产批号为依据。为确保产品追踪的有效性，建立生产记录，包括农事记录、采收记录、用药记录、农作物生长状况、运输、销售等记录，建立"绿色产品销售台账"，详细记录产品销售情况。通过追溯技术和制度，保证了合作社社员按照统一的生产规范组织生产和生产技术的落地实施。

2.1.3　取得的成效

（1）推动了全镇废弃物资源化利用和种养循环工作的快速发展

延庆区积极探索和推动区域内农业资源的循环利用，合作社所在镇域每年种植过程中产生的玉米秸秆、蔬菜秸秆（尾菜及菜秧）、蘑菇渣等废弃物4万余吨，利用智能覆膜发酵设备等技术，将废弃物回收，利用堆肥处理生产出的有机质，含有丰富的营养元素，施用于大田、果园和菜地等有助于显著改良土壤结构，提升耕地地力，减少化学投入品的施用，降低土壤污染风险。2021年合作社共处理秸秆1.26万吨、鸡粪1.08万吨，采用以尾菜、秸秆、菌渣换肥的方式还田1.25万吨，减少了环境污染，真正做到绿色种植，变废为宝、节本增效两不误，推动农业种养循环的快速发展。

（2）农产品质量、品牌效益和经济收益实现三提升

通过应用病虫害全程绿色防控技术体系，在显著降低化学农药用量的同时，产品品质也有了较大的提高，通过内在产品品质的提升、绿色食品证书以及外在多方面的宣传，合作社产品品牌知名度不断提高，品牌效益逐步体现，蔬菜平均售价由原来的2.2元/千克，提高到了现在的3.8元/千克。通过引进社外种植大户、种植高附加值蔬菜品种等方式，进一步提高社员收益和种植积极性。合作社社员年均收益从2020年的18000元增加到2021年的26000元。合作社以效益为依托，引导社员不断引进先进、绿色、安全生产技术，不断提高产品产量和品质，进一步促进品牌价值提升，逐步形成了"技、产、销"一体化的良性循环发展模式。

（3）园区生态环境得到显著改善

合作社在应用病虫害全程绿色防控技术体系后，病虫害发生种类以及发生程度都有了明显的减少，全年化学农药用量平均减少了34.5%，生物农药、天敌昆虫、诱虫板等非化学药剂占比显著提高。通过在闲地种植多种蜜源植物以及释放天敌昆虫、安置昆虫酒店等多种技术措施，园区内的生物多样性有了显著提高。园区内蜜源植物种类增加了9种、昆虫种类增加了12种，益害比分别提高了11%，园区整体生态环境显著改善。

（4）获得荣誉

2015年北京绿惠种植专业合作社成为北京市"菜篮子"工程农业标准化生产基地，2018年被评为北京市市级示范合作社，2021年获得农业部绿色食品证书。

2.2　济南恒源生态农业园

2.2.1　基本情况

济南恒源生态农业园位于山东省济南市长清区，西临黄河、东依济西国家湿地公园，总占地约 1263 亩，地理环境优越，地下水资源丰富。自建园起按照"3+1"的发展思路，聚焦蔬菜种植、畜禽养殖、苗木园艺 3 大主要业务板块，同时种植小麦＋玉米等粮食作为养殖饲料，实现了从种植到养殖、从饲料到加工制品的全产业链条。遵循绿色、生态发展这条主线，坚持发展循环农业，成为济南市发展绿色生态蔬菜产业的标杆企业，蔬菜年产量可达 50 万千克。

2.2.2　特色绿色生态技术应用简介

（1）以"沼气池"为中心的种养循环技术

园区建立了完整的循环农业体系，实现了种植、养殖、加工一体化生产。主体架构是"畜禽（猪羊驴鸡）–沼液肥–菜（粮、林）"循环模式，形成蔬菜、畜禽、苗木生产和畜禽粪便、作物秸秆等资源利用有机结合的循环运作机制。建设有 500 立方米的大型沼气罐一座，以蔬菜废弃物、猪羊鸡等的畜禽粪便、作物秸秆等为原料，生产的沼气用于园区食堂做饭及生活照明，沼液在蔬菜、苗木等作物生产中喷洒施肥。公司建有堆肥制作车间，以沼渣、畜禽粪便、秸秆等原料生产有机肥，用于园区内蔬菜、小麦、玉米、苗木等作物种植。园区全部种植作物只施用自制农家肥、有机肥和生物菌肥，杜绝化学肥料，改善了土壤条件，提升了种植作物的质量安全水平和营养水平。在生猪养殖中采用了先进的生态养猪法，对园区环境影响降到了最低水平。园区还创造性地采取了"阳面种菜、阴面养猪"的一体两面的组合棚模式，并在猪养殖棚顶引进了太阳能光伏板，取得了很好的经济效益。

（2）不断应用数字化技术

园区通过"八感六控"实现农业生产的智能化、可视化、数据化，使园区发展向着现代化、标准化不断迈进。"八感"是指借助先进的科学技术感知光照强度、土壤电导率值、二氧化碳浓度、土壤湿度、土壤温度、空气温度、空气湿度、电气量等指标，"六控"是指通过水肥一体机、二氧化碳气肥机、电动卷帘机、补光灯、电气放风机、电动喷淋机来控制作物生长需要的水、肥、光、温湿度等关键指标。先进技术应用，给农业生产带来的是高效、精准和高品质。

（3）采用各种农艺技术提升作物品质和产量

园区不断引进和采用多种农艺及生物技术，在种苗选择上，减少嫁接苗使用，优先采用原生苗、播种苗、自育苗、组培脱毒苗等进行种植，确保了蔬菜长势旺、产量高、果实大、形状好，减少了疏果环节，实现了生产中的省时、省力。在授粉方式上，采用熊蜂授粉或自然授粉的方式等，避免由于激素蘸花不当引起的畸形果，提高产量和品质。在生产中提倡及时疏花、疏果，合理错茬、自然授粉、自然坐果、自然成熟，较长的成熟期提高了产品品质，又减少了不必要的浪费。

（4）采用物理和生物防治的方法防治病虫害

园区为了贯彻"品质第一"的生产理念，确保产品的质量安全，使用了各种物理防治和生物防治措施。在大棚放风口用防虫网封闭，在大棚内悬挂黄板、蓝板防治蚜虫、白粉虱，安装太阳能频振式杀虫灯诱杀害虫等安全环保手段。整个园区内禁止使用任何除草剂，除草工作主要借助除草机和人工完成。

2.2.3 取得的成效

（1）获得的荣誉

基地先后获得"国家级蔬菜标准园""济南市蔬菜标准示范园""济南市农业龙头企业"等荣誉称号。

（2）市场渠道拓展

公司为提升产品形象，拓展中高端市场，主动申报了国家绿色食品认证，目前有4个蔬菜产品获得了绿色食品认证，同时准备申报有机猪肉的认证。在产品销售上，通过21°商城线上、线下生活馆等销售门店，为省公司、各地市公司及相关合作单位的10余万消费者提供优质食材。基地不断提高与市场接轨的能力，引进市场前沿品种，提升自身的竞争力。同时探索建立专营店、会员店，未来将逐步扩大销售范围至济南市场高端消费群体。

（3）园区经济效益显著

济南恒源生态农业园区依托完整的生态循环农业体系，实行了种养加一体化经营，以种植、养殖、园艺三大板块巩固综合主体地位。2021年全年园区实现主营及其他业务收入 2261.25 万元，较 2020 年同期同比增长 33%，经济效益良好。

（4）取得了良好的社会效益

园区在绿色生态发展理念的引领下，采取了生态循环农业模式，应用了多种绿色生态农业科技新技术，产品质量水平有效提升，在历年的省市各级农产品监督检查抽查中全部合格，起到了良好的示范作用，丰富了市民的菜篮子，获得了政府与市民的好评。园区常年雇用周边村民 110 余人在园区内工作，人均年工资性收益达 3.5 万元，促进了农业增效和农民增收。

2.3 昆山市城区农副产品实业有限公司

2.3.1 基本情况

昆山市城区农副产品实业有限公司（昆山市玉叶智慧农业产业园，以下简称玉叶基地）是昆山市政府和高新区两级政府共同投资建设的政府菜篮子工程，以生产保供、科技研发、示范推广为主要功能。

长期以来，始终坚持绿色发展理念，大力发展绿色优质农产品。开展绿色食品企业"五有"规范化建设，即生产有标准、管理有规范、过程有记录、产品有追溯、宣传有标识，规范和提高绿色食品企业生产管理水平。为做大做强绿色优质食品生产企业，把好产品质量的"源头关"，玉叶基地自 2005 年起开始申报绿色食品，先后获得了 43 个绿色食品证书。近年来获得农业部蔬菜标准园、全国新型职业农民培训基地等国家级荣誉 9 项，获得江苏省农业科技综合示范基地等省级荣誉 18 项，同时获得了省级农业产业化龙头企业，江苏省农业科技型企业。

2.3.2 绿色生态技术

（1）建立追溯系统，实现园区升级

玉叶基地对农场生产环节进行危害分析，并找出了 10 个关键控制点。制定规范化管理标准和生产流程，确保安全生产过程中的每一个关键节点都有效进行控制和评价管理。2008 年，在苏州农村农业局的大力支持下，玉叶基地运用北京奥运会同步食品安全追溯体系，建立了农产品从田间到餐桌的全程质量控制技术体系，通过理念、技术、管理"三创新"，源头、过程、终端"三控制"，力争实现生产全程管理的常态化，切实发挥技术进步和管理创新对产品生产的保障作用。2020年初保供期间，玉叶基地积极主动履行"菜篮子"保供职责，全力保好疫情期间餐桌安全保障工作，根据农业农村部（全国试行食用农产品合格证制度实施方案）的通知，在市农业农村局的监督指导下，开出了昆山第一张食用农产品合格证，承诺生产的农产品符合国家农药兽药残留限量强制性标准。企业得到了各个部门各级领导的重视，两级政府加大在菜篮子基地的建设投入，在高新区西部生态区内，建立了400亩绿色食品蔬菜生产基地——玉叶蔬食产业园。玉叶基地取得了100个无公害认证，20个有机食品认证，通过了HACCP管理体系认证，ISO22000食品安全管理体系认证等，绿色食品一直保持在40个以上。通过建立农产品从田间到餐桌的全程质量控制技术体系，实现了园区的升级。

（2）实行绿色生产，实现品牌升级

产品质量除通过生产管理来控制外，充分发挥现代农业装备与绿色技术的作用，全面提高安全生产水平。玉叶基地与江苏省农业科学院共同成立了昆山现代农业研究中心，与南京农业大学建立了科技部、教育部蔬菜产业研究院。企业以研究中心为平台，不断提高自主创新能力。由玉叶基地设计并建造了新型设施避雨防虫网，并申报了专利；研发了新型工具手持式播种机；引进了轻省化清洁生产栽培技术、绿色综合防控生产技术、抗病有机菌肥生产技术等绿色生产技术。通过利用现代农业设施和高效生态技术来减少投入品的使用或在部分产品上杜绝使用农药，提高了蔬菜安全生产水平，保障了产品的质量安全。

在昆山农村农业局的支持下，与上海交通大学建立了好蔬好果的专项研发，重点研究本地消费者喜欢的蔬菜品种，通过技术和品种的改良，选育和培育自身抗体强的优良蔬菜品种，集成绿色蔬菜全产业链提质增效技术。玉叶基地积极申报绿色食品，不仅实现了产品升级，而且赢得了市场，一跃进入了国际市场的平台，首批28个绿色食品证书进入了法国欧尚大型超市。在华东地区迅速开启了玉叶绿色食品品牌，陆续进入华润、沃尔玛等超市。在众多供应商中抢先一步赢得了市场，直接进入优质供应商的行列。成功入驻生鲜电商盒马鲜生，并且自主建立了玉叶生鲜馆电子商务平台，积极搭上"互联网＋农业"

的快车。通过绿色食品的认证和绿色生产技术的应用，实现了产品升级，奠定了企业绿色发展之路。同时，玉叶基地获得了全国"最美绿色食品企业"、江苏省"最美绿色蔬菜企业"等荣誉称号。

（3）建立生态系统，实施循环农业

玉叶基地自 2014 年开始与江苏大学生物工程研究所合作，已拥有微生物菌发酵罐、菌体混合器等微生物发酵和检测设备，在微生物菌扩繁方面已有一定研究基础。2018 年以来，和南京农业大学资环学院专家组建项目专家组，针对蔬菜产业园的尾菜进行资源性开发，制定并落实废弃物资源化综合利用实施方案作为全省的示范项目，建立了尾菜资源化处理系统。该系统每年可处理农林废弃物 3000 立方米，产生有机肥 1000 吨。通过尾菜的开发和应用，实现农业生产废弃物的资源化、减量化和无害化循环利用，实现了农业生产零污染零排放绿色生产目标，建立了农业园区可复制、可示范和可推广的生态循环模式。

2.3.3　取得的成效

玉叶基地迄今为止，已有 30 多年的发展历程。经历了传统农业的标准化生产和现代农业的各个发展阶段。在农业企业中，已有相对稳固的基础。目前，在昆山市农业农村局的全力支持下，经过两年时间的考察和筹备，玉叶基地农业智慧产业园项目，目前一期项目已开工，项目主要建设以菜篮子保供、确保提高本地蔬菜市场供应率、确保菜篮子的有效供给、建立绿色生产示范园、创建农业科创中心等主要目标，以建立园区生态系统，实施智慧农业的现代农业体系。目前已获得了国家级农业科创中心称号，目标引进 20 家农业创业企业。

2.4　北京纯然生态科技有限公司

2.4.1　企业基本情况

北京纯然生态科技有限公司创办于 2008 年，创始成员毕业于中国农业大学，依托中国农业大学的科技力量，重视土壤养护和生态系统的平衡，积极发展绿色生态农业，从最初的 50 亩逐渐发展到 112 亩，到现在的 350 亩。目前大棚共计 50 余座，常年种植蔬菜百余种，周年供应北京市场。公司打造以芋头为特色的绿色生态农业休闲庄园，新品引进、产品加工、自然教育、食农教育、农业文化体验、地方非遗文化等创新项目，促进一二三产融合，为乡村振兴、现代农业及生态保护做出应有贡献。

2.4.2 绿色生态技术

（1）采取生态多样化种植和轮作方式

农场主要种植黄瓜、西红柿、茄子、辣椒、豆角、芹菜、各种叶菜，也种植部分玉米、大豆等作物轮作，保证不连茬种植，农场还尝试南菜北种，成功引种了芋头，已经成为农场的特色作物品种。

（2）使用有机肥改良土壤

坚持使用有机肥逐步改良土壤，采用传统的动物粪便 + 作物秸秆堆肥的方式进行土壤改良，并外购一部分微生物肥、氨基酸肥等高效的现代化生物有机肥料为作物提供营养。每年农场秸秆残余消耗约 100 吨，加上外购附近农场的牛粪，利用微生物发酵，每亩使用纯有机肥约 3.5 吨。

（3）不断探索无化学除草剂的绿色除草方式

杂草是绿色生态农业的世界性难题，农场不断学习、探索各种非化学除草方式，例如：覆膜除草、人工除草、机械除草。种植时覆盖薄膜，不仅能够保墒节水，还能够防止杂草生长，一般都是采用黑色薄膜可以有效降低光线透过，杂草在膜下也很难生长。做好行垄之间的覆盖，尽量减少土地的裸露，仍有部分杂草从缝隙长出，采取人工除草的方式，基本可以控制杂草的生长，减少杂草对营养的竞争和作物生长的影响。

（4）节水灌溉技术

根据每种作物的需水规律，采用棚内滴管、覆膜渗灌的方式，同时还在农场内做好排涝和干旱季节利用雨水的措施，与常规农业用水相比，降低用水量 60% 以上，自建园以来总计节水约 40 万立方米。

（5）病虫害生态防控技术

保护农场内的天敌，奉行"容忍哲学"，允许部分病虫害的存在，只要不达到防治阈值，就是正常状态。除了不使用化学农药，减少对天敌的危害，农场还人为设置一些保护措施，例如：天敌旅馆，保护农场的蜘蛛、鸟等天敌。同时采用一系列物理或生物措施替代化学农药，主要措施有：

1）种植显花植物，吸引授粉及天敌昆虫。如金盏菊、波斯菊、百日草、万寿菊、金莲花、薰衣草等品种。

2）保护地种植利用防虫网做好物理隔离。在温室种植的区域，严格做好通风口及出入口的防虫网隔离，可以有效避免蚜虫、鳞翅目害虫等的进入，很大程度上减少裸露条件减少外部害虫的迁入，有效降低害虫的基数。

3）充分利用杀虫灯等物理方式防虫。园区内设置了一定数量的太阳能杀光灯，可以吸引杀死大部分夜间活动的天敌。

4）利用性诱剂等信息素诱杀害虫，例如使用小菜蛾诱芯产品，可以有效减少园区内小菜蛾的危害。

5）释放人工天敌。目前商品化的人工天敌有很多种类，北京地区大力支持农田使用人工天敌防治害虫，目前可以使用的人工天敌有：丽蚜小蜂、捕食螨、小花蝽、瓢虫、斯氏钝绥螨等。

6）使用生物农药。生物农药是园区病虫害防治的最后一道防线。北京地区大力推广生物农药的应用，虽然效果没法和化学农药比，但是只要在适当时机对症下药，就能起到很好的防治效果。

（6）积极推进废弃物还田技术

农场注重环境保护，尽量减少废弃物对环境的影响。每年使用的各类肥料、植保用品包装以及农膜棚膜等均回收并交付可回收单位。同时农场所产生的秸秆和蔬菜下脚料等均作为肥料的原料与动物粪便发酵处理后还田处理。

2.4.3 取得的成效

公司先后获评北京市农业标准化基地、农广校实训基地、巾帼文明岗、中国农业大学实践教学基地、全国十佳返乡创业项目、顺义区优秀农村实用人才创业项目、双学双比实训基地、巾帼科技示范园、北京市休闲农业四星级园区等荣誉。

（1）生态效益显著提升

自建园以来从事绿色生态种植已经有13年的历史，有机质从最开始的每千克土壤10.8克，提到到了现在的每千克土壤14.5克。土壤中各种蚯蚓等生态指标得到提高，土壤的各种理化及微生物指标也得到了很大的改善，更加有利于作物的根系生长和养分吸收。农场自建园以来，与常规农业相比，综合减少化肥投入量约160吨，减少各类化学农药使用量约2200千克。

园区内生态环境得到改善和提升。各种鸟类、蜘蛛、蛇等天敌种类多、数量大。中国农业科学院设置的实验采集结果表明农场内天敌昆虫类群数量多：在双翅目的长足虻科（*Diptera*：*Dolichopodidae*）中，已经鉴定出 8 个种；食蚜蝇虫有 5 个种（北京地区的食蚜蝇只有 6～7 种）。发现一些中华草蛉幼虫，中华草蛉是优良的天敌昆虫（食性广、食量大）。

（2）品牌知名度不断提升

纯然生态"purelife"商标，通过多年的建设及顺义区政府的支持，"纯然生态"在绿色生态领域有一定的知名度，北京日报、北京广播电台等多家媒体报道过纯然农场。

（3）"纯然"质量名声渐起

纯然生态的品牌和质量相辅相成，通过绿色生态方式种植安全营养的农产品，还原食材的本真。13 年来，纯然农场每年的市级及区级基地样品抽检中 100% 合格。

（4）市场销路和经济效益稳步提升

基地形成了"以芋头为主，南北蔬菜相融合"的种植模式，依靠科技，形成成熟的蔬菜种植技术，赢得市场先机，为多家市场终端和电商平台供货，同时公司不断稳定发展会员，提高了产品的附加值。

第四节　果品

1. 果品绿色生产关键技术

1.1　果园生草，保护各种昆虫安全越冬

果园生草可以改善果园小气候，有利于果树根系生长发育及对水肥的吸收利用；改善果园土壤环境，激活土壤微生物，增加植被多样性，为天敌提供丰富的食物、良好的栖息场所。尽量做到野草本地化、多样性，保证从早春到

深秋都有花在顺序开放，保证果园随时有蜜源，给天敌昆虫成虫提供食物，从而达到生态平衡。适宜果园种植的草有豆科和禾本科两大类，常见的品种有紫花苜蓿、二月兰、三叶草、岩垂草、紫云英、绿豆、黑豆、油菜、沙打旺等。

天敌昆虫除了寄生类，一般个体比害虫大得多，所以天敌昆虫一般在土壤中越冬，例如瓢虫会在向阳土缝中越冬、蜘蛛在草堆下越冬、草蛉会在树下枯叶中越冬、食蚜蝇也在地面化蛹越冬。不冬耕不但可以预防倒春寒，而且为天敌昆虫提供了良好的过冬场所，春季天敌昆虫会捕捉各种害虫，达到源头防控的效果。

1.2　养殖及果园废弃物循环利用技术

发展种养结合循环农业，以资源环境承载力为基准，合理规划、科学布局种养产业，逐步搭建农业内部循环链，促进农业资源环境的合理开发与有效保护，建设畜禽粪便、秸秆、果树枝条、坏烂果的沼气发酵设施，引入制作有机肥设备，推广"猪–沼–果"自我消纳模式，区域内养殖业和种植业紧密联结，实现种养结合的自我循环，培肥土壤，改善基地生态环境。

1.3　土壤培肥活化技术

使用以人畜禽粪为主的农家肥和微量元素配方施肥，增加土壤有机质和平衡土壤养分；施用含微生物有机肥，增加土壤微生物菌群，活化土壤养分；在果园内种植绿豆、苜蓿等经济绿肥，秋季割除还田，提高土壤有机质含量。复合益生菌剂的使用可以活化土壤养分，使植物根部的活力加强，提高吸收养分的能力，促进植物的生长；可以改善土壤环境，抑制有害微生物，丰富有益微生物，形成再生机制，溶解磷、钾、固氮，并改变土壤的酸、碱、黏、沙和易涝、易旱等不良性质，提高土壤的保水和透气性能。充分激发农作物在良性状态中的生长能力。

1.4　多种农艺措施及绿色防控技术

果树修剪是常见的措施，主要有短截、回缩、疏枝、抹芽、环剥等，可以保持合理的枝果比例，确保阳光的均匀程度，有效避免在枝条上越冬的虫卵引起的病虫害。果园内安装杀虫灯，诱杀蛾类及其他趋光性害虫，安挂黄色粘虫板诱杀果蝇、叶蝉、蓟马、瘿蚊等趋色性害虫，安放驱避剂和性诱芯防治害虫，果实套袋防病防虫等减少病虫危害。施用矿物源、生物源杀菌保护剂进行果实病害的防治。

2. 典型案例

2.1 广西田阳悦合农业技术服务有限公司

2.1.1 企业基本情况

广西田阳悦合农业技术服务有限公司成立于 2017 年 8 月，采取"公司 + 合作社 + 农户"的产业化利益联结形式，带动百色芒果特色产业发展。公司主导产品为百色芒果，百色芒果基地 4800 亩，位于广西田阳县头塘镇联坡村，其中 4500 亩已进入丰产期，年产量达 4800 吨。在公司进驻之前，当地采用常规生产，芒果产品质量不稳定，影响了特色水果的效益。公司通过租赁土地、承包果园及与农户合作之后，为了生产优质芒果，公司在广西芒果创新团队和当地四级农业农村主管部门的指导下，遵循绿色生态发展理念，推广应用绿色食品生产技术，采取营造特色果园绿色生态、持续病虫害绿色综合防控、品质提升、品牌宣传提升等做法，不断提高产品品质，生产优质百色芒果，提升地标产品和企业品牌的影响力及效益。

2.1.2 绿色生态技术

（1）生态培肥土壤，营造果园绿色环境

1）果园适度生草，营造绿色生态环境。由于百色市右江河谷地区高温多雨，土壤风化程度高，果园地形地貌为低山地，土壤易受雨水冲刷造成水土流失。因此果园有必要适度保持如马唐、牛筋草、雀稗、猪屎豆、草决明等天然杂草，提高土地绿色植被覆盖率，防止地表裸露，减少果园土壤雨水冲刷，保持土壤肥力和墒情。在百色芒果开花授粉期间正值旱季，往往高温少雨，果园杂草可以减少太阳高温直射，调节果园小气候，增加果园湿度，降低果园温度，有利于授粉虫媒活动，提高授粉率和坐果率。在百色芒果膨大、成熟时期，正值光照强烈、高温酷热季节，果园杂草可调节小气候和减少地面阳光反射，减少芒果果实的热灼伤。当杂草长到一定高度和密度，影响到芒果生长时，使用除草机人工割草，并将所割杂草覆盖于树盘，让杂草覆盖保墒，杂草腐烂后开沟与肥料一起翻压还地，培肥地力，一举多得。

2）合理施用肥料，培肥果园土壤。土壤肥力是保持农作物正常生长发育的必要物质条件，要想获得高产优质的百色芒果，就必须对果园土壤培肥。公司严格按照《NY/T 394 绿色食品 肥料使用准则》对果园进行施肥和土壤培肥。坚持以有机肥为主，化学肥料为辅的原则，在树盘周边开沟松土施肥，每年每亩约有 2 吨人工割除的杂草、修剪枝叶还地，每亩施入猪牛粪等农家肥0.5～1 吨、碧丰源商品有机肥 0.2 吨。杂草、枝叶、农家肥、商品有机肥等在为芒果植株提供营养的同时培养土壤微生物、蚯蚓等土壤动物，保持果园土壤活力，疏松通透，使土壤肥力不断更新和提升。同时根据生长需要，实施测土配方施肥技术，通过水肥一体化管理，每亩适施 40～50 千克高养分含量的水溶性复合肥料，保证百色芒果植株健康生长，提高百色芒果的抗性和品质。

3）清洁果园、保护有益生物。果园内的生活、生产垃圾采取集中处理，保持果园环境清洁，营造果园绿色生态和利用果园周边林地生态，保护鸟类、野生蜂类、树蛙、蜘蛛、七星瓢虫、捕食螨等有益生物，达到利用生物防治果园病虫害的目的，维护自然生态平衡。

（2）坚持病虫害绿色综合防控，提高百色芒果产品品质

芒果常见的病虫害有炭疽病、细菌性角斑病、白粉病、横线尾夜蛾、斜纹夜蛾、叶蝉、蓟马、果实蝇、瘿蚊等。在常规芒果生产中，为了防治病虫害，通常以使用传统化学农药防治为主，会影响到芒果产品的品质和质量安全。我公司坚持按照《NY/T393 绿色食品 农药使用准则》以农业防治、生物防治、物理防治为主，化学防治为辅的绿色病虫害综合防治原则，保证了百色芒果产品的品质和质量安全。

培育健壮植树，提高芒果病虫害抗性。果园建在低山地区，遇雨排水良好，通风透光性好，可降低病虫害发生。种植密度合理，每亩 33～40 株，通过合理修剪、增施有机肥等营造绿色生态环境，培育健康植株，提高芒果植株对病虫害的抗性，从栽培技术上减少病虫害的发生。

多方位开展物理防治，减少病虫为害。通过果园内安装杀虫灯，诱杀蛾类及其他趋光性害虫，安挂黄色粘虫板、诱虫瓶诱杀害虫，芒果果实套袋防病防虫等一系列物理防治措施，大幅度降低化学农药的使用。

合理使用农药防治，保障芒果植株健康。病虫害是农业生产中不可避免的自然现象，特别是遇到特殊气候等不利因素时，病虫害时有发生，在农业防治、生物防治、物理防治等方法控制不了的时候，需要使用化学农药防治，以保证植株健康和果实的生长发育。我公司按照 NY/T393 规定，坚持"低毒高效、低量兼治、首选生物农药和天然农药"的原则，用药具有针对性，尽量减少农药用量和次数，芒果病害选用氢氧化铜、硫黄、代森锰锌、吡唑醚菌酯等防治；芒果虫害首选粘类芽孢杆菌、乙基多杀菌素、硫黄等生物农药和天然矿物农药防治，虫害特别严重时才会选用吡虫·噻嗪酮等低毒高效农药防治。使用农药严格保证安全间隔期，芒果在采收前检测农药残留情况，保障芒果农产品质量安全和品质提升。

2.1.3　取得的成效

公司获得了百色芒果农产品地理标志使用授权，同时公司拥有自己的品牌"果—悦合"注册商标，致力打造地标和企业品牌。公司及其百色芒果产品2020—2021 年先后获得绿色食品证书、"圳品"证书、中国绿色博览会金奖和优秀商务奖、广西"好种好品"擂台赛"好吃芒果"金奖等荣誉；成为"广西阳光助残扶贫培训基地"、大湾区"菜篮子"基地、"广西芒果创新团队右江河谷试验示范基地"，通过广西扶贫产品认定并进入扶贫 832 网络销售平台。

公司配套地头冷库等仓储设施，且基地"果—悦合生态产业园"采用绿色食品生产技术种植管理芒果，产品品质好，随着产量的增加，通过拓宽销售渠道，实现线上、线下同步销售，线下产品远销全国各大城市。线上与淘宝、京东等电商平台、深圳市金晋实业有限公司平台等各大电商销售平台合作，将百色芒果远销全国各地。2021 年，园区百色芒果产量 4800 吨，果品收入总产值 2500 万元。比申报绿色食品前收入大幅提高。

由于坚持生态优先原则，园区环境好，实现了农旅结合产业提升，2021年 7 月 1 日，园区举办了芒果采摘开采仪式，吸引了多家媒体、多位网红主播和 500 多名游客，国家法定节假日和周末游客更是络绎不绝。

2.2 重庆派森百橙汁有限公司

2.2.1 企业基本情况

重庆派森百橙汁有限公司是中国第一家做非浓缩还原橙汁的企业，是农业产业化国家重点龙头企业、国家级农业综合开发龙头企业、国家级扶贫龙头企业和重庆市农业产业化龙头企业，是三峡库区柑橘产业开发项目和重庆市百万吨柑橘产业化项目的实施企业，承建了中国第一个水果类国家级技术研究中心——国家柑橘工程技术研究中心，企业获得授权的专利 100 余项，被评为国家知识产权优势企业。

派森百主要产品为非浓缩还原橙汁、柑橘鲜果、皮渣有机肥料、皮渣饲料、橙皮产品、畜禽制品。

2.2.2 绿色生态技术

（1）开展种质资源保护培育技术

派森百专注柑橘产业 20 余年，建立了"从一粒种子到一杯橙汁"的全产业链。为了培育出最适合橙汁加工的专属柑橘品种，派森百建立了自己的柑橘种质资源库，从砧木引进、采穗圃建立、母本树的筛选、嫁接技术、基质选择及处理等都制定有技术规程，严格把关，确保每一株苗无病毒、生长健壮，构建柑橘无病毒三级良种繁育体系，全面实现柑橘育苗的无病毒、工厂化和容器化育苗。

公司 2005 年承担了重庆市柑橘新品种新技术产业化示范；2008 年承担了农业科技跨越计划——甜橙高效栽培新技术体系的推广与产业化示范，特罗维塔甜橙获得重庆市农作物品种鉴定证书；2012 年承担了重庆市柑橘优良品种特罗维塔及奥林达甜橙种植技术示范与推广项目；2011—2013 年承担了重庆市农业科技成果转化项目——柑橘加工新品种特罗维塔甜橙脱毒种苗快繁与示范推广。

目前派森百拥有全球育苗量最大的柑橘脱毒容器育苗基地，打造了 22 万亩早、中、晚熟与国际同步的高标准果园。为了保护柑橘品种资源的多样性，以及研究开发其商业价值，派森百公司收集栽培、建立了拥有 400 余个柑橘可食用品种的资源圃。

（2）推进废弃物还田技术

随着柑橘种植业的快速发展，2020年重庆市柑橘基地面积达到330万亩，每年产生的柑橘加工副产物及落果约40万吨。柑橘加工副产物及落果水分含量高，无氮浸出物多，极易腐烂变质，且缺乏恰当的再利用技术，通常以废物形式填埋或排入河流或碳化做肥料，导致土壤酸度增加，河流水体富营养化，严重污染生态环境。

2013年派森百公司、西南大学、中国农业科学院柑橘研究所等单位联合承担了国家农业科技成果转化重大项目"柑橘皮渣低碳无害化处理生产有机肥产业化示范"，针对柑橘皮渣发酵臭味重、污水多、糨糊化等资源化利用难题，以高效优良的柑橘皮渣分解菌为核心，自主研发了不加热条件下高温发酵无害化处理柑橘皮渣生产有机肥的关键技术及有机肥高效施用技术，实现对柑橘皮渣的经济、环保、低碳处理及有机质和矿质养分的资源化循环利用。建成5万吨级皮渣发酵处理生产线1条，每年减少皮渣填埋5万吨，处理成本每吨由1000元降至不足100元。皮渣有机肥产品曾获得肥料正式登记证，达到国家标准NY525的规定范围，广泛适用于果树、蔬菜生产。现在经过技术的升级和新皮渣处理厂的建设完成，派森百皮渣处理能力可达100万吨。

目前公司计划实施有机肥改土，全园施柑橘皮渣有机肥土壤修复，在秋冬季（10—12月），挖环状施肥沟（深40厘米，宽30厘米，长50厘米），亩施皮渣有机肥1吨（25千克/株），共计3000吨。

（3）实施微生物发酵加工副产物饲养生猪技术

柑橘及其加工副产物富含无氮浸出物、钙、微量元素、维生素等营养成分，氨基酸组成全面，是一种潜在的非常规饲料资源。派森百公司充分利用丰富的柑橘加工副产物资源，将其开发用作生物发酵饲料。利用产业资源，公司集中饲养仔猪1000余头，60天后将仔猪在橘林放养。猪舍分散置于可承载消化的橘林中，养殖产生的猪粪经沼液池熟化后用于改良土壤，提高果品质量，能降低肥料使用成本。生活于橘林生态环境中的橘园香猪，采取圈养和放养相结合的方式，喂食专属饲料（小猪阶段橘皮皮渣占比大致为饲料的50%，育肥阶段占比大致为饲料的70%），辅以植于林下的金银花、车前草、蒲公英、苦蒿、鱼腥草等草本植物增强免疫力，以此养殖的无激素无抗生素橘园香猪不仅肉质鲜香，更安全营养。整个种养结合循环系统，通过饲养生猪转化为猪肉产品，产生的猪粪又可作为有机肥回施到柑橘园中，为柑橘果树提供养分，促进柑橘丰产增收，进而促进柑橘加工业的发展，实现种植、加工和养殖的有机结合。公司每年每人（户）橘林代养生猪 20 头，放养到橘林后粪便自行消解，无须收集；圈养的粪便腐熟后用吸粪车装运到田间施用。

（4）严格执行绿色食品防控技术

基地所在区县正在创建绿色食品柑橘原料示范基地，统一制定了绿色食品原料基地管理制度和种植技术规程。公司严格按照相关规定，在果园内安装太阳能杀虫灯，用于防治柑橘卷叶蛾、潜叶蛾、凤蝶等；悬挂黄色粘虫板，诱杀橘蚜、粉虱等；在天牛的羽化盛期 5—6 月，人工捕捉天牛成虫，初孵期人工掘幼虫；蚱蝉在 5—8 月出土高峰人工捕捉刚出土未蜕壳的成虫。投放天敌捕食螨和使用农药螺螨酯控治红黄蜘蛛、锈壁虱等螨类危害，利用自然界中的坐壳孢菌控制粉虱危害，利用瓢虫控制蚜虫危害，使用微生物源农药春雷霉素和多菌灵控制柑橘炭疽病、黑星病等。

2.2.3　取得的成效

派森百始终坚持建设生态循环产业链，保护生态环境，实现精准扶贫，助力乡村振兴。主要产品为非浓缩还原橙汁，荣获中国驰名商标和绿色食品标志使用许可，连续 13 年成为人民大会堂国宴接待饮品，销售可以覆盖全国除西藏以外的所有城市，原浆和橙皮远销东南亚和欧洲，实现年产值 2 亿元。2014 年"甜橙高效生产技术体系集成创新及产业化应用"获得重庆市科技进步二等奖；2020 年获得中国绿色食品发展中心颁发的全国最美绿色食品企业；2021 年获得中国绿色食品发展中心颁发的 2021 年度首批全国绿色食品一二三产业融合发展园区。

公司在经营管理上，一是给当地果农无偿提供技术支持，二是在果树投产前 3 年提供农药、肥料、技术及资金等支持，三是与果农签订果实收购协议，果农按照绿色食品体系和公司技术方案进行柑橘种植生产，公司坚持优果优价，合格果实以高于市场价 20%～30% 的价格收购，同时对果农承诺保护性收购价格。目前，派森百工厂已拥有年压榨 30 万吨鲜果的能力，覆盖和带动 30 万果农增收致富。同时果农可以参加派森百无抗生猪代养计划，通过培训应用发酵柑橘加工副产物无抗饲料饲养生长育肥猪，生产安全优质猪肉，由派森百回购后通过现有全程冷链销售系统销售，将猪粪作为有机肥回施到柑橘园中，提高养殖和种植的经济效益。目前每年每人（户）橘林代养生猪20头，需用180亩承包果园承载消化猪粪沼液，每人（户）年可实现柑橘鲜果销售收入72000元，生猪代养收入14600元，综合收益可达8.66万元。近3年公司全年可轮流出栏1000余头橘园香猪。

公司通过大力持续推进柑橘种植和林下养殖生猪－鲜果加工－皮渣废弃物制作有机肥（还田果园）、制作饲料－养殖生猪－粪便还田等循环模式，果园亩产提高400～500千克，果实品质提高1～2级，每亩增收600～750元，并有效改良土壤，解决因过量施用化肥而出现的土壤板结问题和地下水污染问题。低能耗无害化柑橘皮渣处理技术有效解决了橙汁加工废弃物处理问题，助力减少碳排放。派森百公司采用高温发酵脱水与自然干燥相结合，无须额外加热烘干，处理10万吨鲜皮渣减少因燃煤排放的二氧化碳4万余吨（一吨标煤排放二氧化碳为2.66～2.72吨），此可减少二氧化碳排放90%以上；同时此技术不产生污水、恶臭和废渣，不占用大量土地，不污染环境；处理10万吨皮渣减少填埋占地4万平方米，减少高COD污水排放6万吨以上。

2.3　陕西延安苹果有限公司

2.3.1　企业基本情况

陕西延安苹果有限公司成立于2018年，是一家集生产、加工、贮运、销售为一体的国有企业。公司在延安市宝塔区柳林、临镇、万花、枣园、河庄坪等乡镇，创建绿色生产基地7288亩，建立产供销服务站4个，2018年以来，建设5000吨气调库1座，冷气库2座贮藏能力6000吨，建成智能选果线3条，开设陕果农资店和农资点共37家、陕果集市店20家，在天猫、淘宝、拼多多等网络平台开通微店。

2.3.2　绿色生态技术

（1）创新技术管理，推广"宝塔模式"

为保障绿色果业持续发展，公司制定了严格的绿色产品生产标准，建立健全质量监督网络。从苹果原料生产，加工流程，产品包装、储运、销售等方面入手，实行全程监控、动态管理，完善产品质量检测体系和安全标准体系，从源头上保证质量。按照果树不同生长阶段，重点推广了 21 项实用新技术，推进果业高标准、高质量发展。

1）推行 7 项新建园栽植技术，即：选一株壮苗、挖一个大坑、施一筐农家肥、追一千克优质磷肥、座浇一桶水、配一张防鼠网、埋一个防寒大土堆（或缠一张膜）。选一株壮苗就是选择直径在 1 厘米以上，高度在 1.2 米以上壮苗，苗木根系要旺，侧根只留 25～30 厘米；挖一个大坑是根据果园行株距挖一个 0.8 立方米的坑，注意将表土和生土分开堆放；回填过程中，用秸秆和土搅拌，底部均匀回填 30 厘米，用一筐农家肥、一千克优质磷肥与表土搅拌均匀回填 30 厘米，回填到 40 厘米的位置时，将 160 厘米见方的细铁丝网（防鼠网）铺在坑内，继续回填，苗木埋土 10 厘米左右踩实，浇一桶水，水渗干后再覆土踩实（没有浇水条件的根系要蘸泥浆后栽植），直到回填至与地面平齐，栽植时注意嫁接口与地面水平；一个大土堆，就是在苗木基部围土 30 厘米高，将苗木向同一方向压倒覆土，注意基部覆土厚度不能低于 30 厘米。

2）推行 7 项幼园实用技术，即：多留枝、开基角、早拉枝、扶主杆、铺地膜、施有机液体肥（生物菌肥）、适环切。一年生幼树多留枝，5 月下旬对剪口下二三芽竞争枝进行扭梢、拉枝处理；主杆 30 厘米以下枝芽全部抹除；新梢生长到 30 厘米后用牙签支撑开张角度；8 月至 9 月中旬新梢长度达到 60 厘米以上枝条进行拉平，拉枝后基部 15 厘米内发出的萌蘖芽、枝及时抹除；冬剪中干弱的树采取扶杆修剪法（抹光杆处理），中干强的去除主杆 50 厘米以下影响中干生长的竞争枝（超过着生部位 1/3 粗度的枝条）。二年生幼树要刻芽补空，对中干光秃部位采取刻芽或涂发枝素等措施促使其发枝；当年新发枝条管理同一年生幼树；对侧生强旺枝条，通过拿枝、揉枝、拉枝等方法促其弱化，注意做到多动手少动剪；5 月至 6 月上旬进行环割促花；冬剪去除树干 60 厘米以下枝条，去除枝组基部 20 厘米以内的竞争枝和部分强旺轮生枝、对生枝。三年生及以上幼树以生殖生长为主进行管控，促进幼树早成花、早挂果、早见效。注意选留主枝，第一主枝选留朝南，高度不低于 1.2 米枝条，第四主枝选留朝北高度 2.5～2.8 米枝条，中间向分别选留东西第二、三主枝，主枝间隔 40～60 厘米，其余枝条全部为辅养枝；夏剪严格区别主枝和辅养枝，辅养枝角度要大于 100 度，主枝角度 85 度左右；主枝、辅养枝上分枝做到强旺枝拉下垂、中庸枝拉水平；5—6 月，对辅养枝及主枝、辅养枝上的分枝进行环切促花，拉枝、环切后及时抹除枝条基部 20 厘米内发出的萌蘖；冬剪去除竞争枝、影响主枝生长的辅养枝和树干 60 厘米以下枝条。

3）推行 7 项挂果园关键技术，即：标准间伐、精细修剪、品种改良、有机肥园、覆盖保墒、绿色防控、授粉增色。6～9 年挂果园主要以精细修剪为主，配套整形树形，通过提杆、落头、疏大枝等措施，株留枝量 20 个左右逐渐降到 7～9 个，并在选留好的主枝上逐步培养大中小搭配、高中低错落的单轴延伸结果枝组，并注意主枝延长头的生长势。当然，乔化树矮化管理果园除外。10～15 年挂果园主要以标准间伐、有机肥源、覆盖保墒、绿色防控、授粉增色为主，重点任务是培养和更新结果枝组，注意利用幼壮枝配备、培养大、中、小搭配合理和高、中、低错落有序的结果枝组体系，疏除老化枝组，做到精细修剪。同时要增施有机肥，复壮树势，培育饱满结果枝组。15 年以上挂果园主要以枝组更新复壮、品种改良为主，培养年轻健壮结果枝组结果，更换新优品种。

（2）创新联结机制，拓宽增收渠道

公司与合作社、农户建立了流转聘用、土地入股、技术分红等机制，创新"三种"联农模式，稳步拓宽农民增收渠道。

1）流转雇佣型联结模式。公司与村集体签订协议，整村流转土地，由公司统一整理土地建设标准化苹果种植基地，雇佣本地农民开展田间管理。农户分享土地流转收益和务工收益。公司通过该模式带动 8 个村集体累计种植 3500 亩，土地流转期限 20～30 年，村集体为农户增加土地流转总收益约 0.34 亿元，农户务工每年收入 0.72 亿元。

2）承包保底型联结模式。公司与农民签订苹果生产基地田间管理承包合同，合同签订后公司与农户约定保底产量，对超过约定产量部分，公司与农户四六分成或高于果品市场价收购，保证农户分享增值收益。以万花毛堡则苹果生产基地为例，初挂果期，公司以每亩平均 4500 元的价格承包苹果生产基地，年底低于约定产量公司保底，超出的产量公司按市场价高于 0.5 元左右收购，基地进入盛果期，公司与农户重新洽谈承包合同，同时雇佣当地农民从事田间管理，常年解决务工 1500 人以上。

3）技术分红型联结模式。公司与合作社和技术能手签订技术分红合同，公司承担土地流转、种植费用、雇工费用等全部成本，由合作社和技术能手负责指导当地农民科学管护，提高苹果品质和产量。超产增收部分，技术能人与企业五五分成。公司与万润、汾川、大燕等果业合作社和果业技术能手签订合同后，苹果生产基地由合作社与果业技术能手统一管理，初挂果园每亩保底产量1000千克，盛果园每亩保底产量2000千克，合作社只享受超出保底产量的分红，技术能手除年获得管护费5万元外，还能享受每年超出产量50%的技术分红。当地农民除获得土地流转收入外，还可取得劳务收入，人均年增收2.5万元以上。

（3）创新农资管理，确保苹果品质

为确保苹果品质，公司在产品质量控制上始终秉持"标准高、监督实、评价严"的原则，遵循"从土地到餐桌"全程质量控制要求，制定了基地投入品管理办法和监督管理制度。

1）投入品管理规范有序。公司在基地建有农资配供点14个，定期向广大果农发放投入品公告，根据果业生产季节，公布基地允许使用、禁止使用或限制使用的投入品目录，农药、化肥等生产资料由公司统一供应，公司每年组织农资产品执法巡查，对每个经营点不少于4次，并迎接工商、质监、公安、农业等多部门的联合执法2次，杜绝了违禁投入品的使用，较好地维护了投入品市场经营秩序，从源头上保证投入品的使用安全。

2）质量追溯全程可控。公司建立了产品质量安全可追溯制度，在提升农产品（苹果）质量的基础上，严格按照绿色食品技术操作规程进行操作，在允许范围内使用化肥、农药等农业投入品；严禁使用高毒、高残留农药入园等。在苹果采收期间，对产品质量进行抽样检查、检验，如发现果品的外观、内在品质、农药残留等指标达不到绿色食品质量标准的，公司不作绿色食品销售，并根据产品的质量酌情处理。售后如出现质量问题，按销售日期、批次、查明原因，并追究有关责任人和员工的责任，赔偿因此造成的经济损失。

（4）创新营销模式，提升品牌影响力

公司生产有特色、有创新，营销策略上更得与时俱进。

1）聚焦品牌打造。公司申报的"陕果1号"品牌，作为延安苹果的拳头产品，连续三年进军北、上、广、深一线城市，2020年公司创建绿色苹果生产基地2万亩，保障能力初步形成，品牌带动力日益彰显，品牌形象不断优化。在深圳举办的2020中国·深圳（第6届）国际现代绿色农业博览会上，公司发起了"要让原汁原味的延安生态绿色苹果走上大市场"的口号。

2）创新品牌营销。公司倡议提出"延安有我一棵苹果树"活动，实行苹果订单销售，领养人可以与果农签订领养协议，认领好自己心仪的苹果树之后，在手机上随时观看自己果树的生长情况，可前来采摘体验田园劳作生活，或者由果农采摘后邮寄，还可委托果农进行销售。活动让消费者更好地体验"与树为邻、与山为伴、与水为缘、与田为友"的绿色生活，带动休闲采摘、农家乐等乡村旅游项目发展，进一步拉长农业产业链。2019年以来，公司建苹果树认养基地2处，先后累计认养苹果树1.5万棵。

3）持续推广网络销售。公司成功构建"大数据＋绿色食品"的发展模式，推出了延安绿色苹果优购小程序，通过运用互联网方式借助各类网站进行推广，2019年以来，通过电商线上累计销售苹果4.3万吨，与传统销售形式比较2年来提高10个百分点。经过持续推广，公司的"陕果1号"品牌苹果已逐渐成为"优质、严选"延安苹果的代名词，是宝塔特色农产品的一张靓丽名片。

第五节　农产品综合生产基地

1. 农产品综合生产基地相关绿色生产技术

农产品综合生产基地一般指在一定区域范围内，为实现生态循环、可持续发展而开展种、养、加，一二三产融合发展，从而达到或接近生态平衡，内部循环，尽可能减少对环境污染，保持生物多样性，各产业实现均衡发展。对发展较好的综合园区，一般是多种绿色生产技术综合使用，也是最能体现农业绿色发展技术集成的生产组织形式，需要多年持续才能形成较为完善的绿色生产体系，常用的农业绿色生产技术主要有以下几种。

1.1 种养循环

综合园区一般通过一种或多种动物（猪、鸡、牛、羊等），利用动物粪便为多种作物（玉米、水稻、大豆、牧草、蔬菜、果树、中草药等）提供肥料来源，再将多种作物作为饲料用于动物养殖，同时还生产多种蔬菜、水果等供人类食用。在实现种养循环的同时，保持园区内的生物多样性。

1.2 生物多样性

综合园区内种植作物一般有多种，利用豆科牧草丰富的根系含有大量根瘤菌，可以固定空气中的氮素，增加土壤肥力，促进物质的有效循环。玉米、燕麦草等作物丰富的地下生物量可增加土壤有机质，避免土壤板结，丰富的地下根系可固定表层土壤，避免耕层土壤流失，增强土壤保水保肥性。通过种植绿肥作物，改良盐碱化土壤，提高土壤肥力。同时，长时间多种作物种植和生态环境的改善，不仅使作物病虫害天敌数量不断增多，还能够增加土壤中有益昆虫数量，持续改善土壤微生物组成和提高土壤微生物数量。

1.3 农业废弃物资源化和循环利用

对园区内养殖动物粪便使用机械进行收集和堆积，通过干湿分离发酵获得有机肥，作为有机农产品的肥料，实现循环利用；使用排泄物污水有机循环处理装置，对养殖产生的污水质液分离后进行微生物发酵处理，实现污水的循环利用。

1.4 多种农业绿色生产技术综合应用

1.4.1 微生物技术

充分利用园区所在地气候和资源优势，如天然干燥、沙漠等，解决养殖动物垫料问题，既提供了优良的有机肥，减轻了粪便对环境的污染，又能使养殖动物始终处于舒适环境中，减少疫病发生概率。

通过相关微生物技术，如在养殖舍的垫料中使用相关微生物制剂，解决排泄物发臭、环境污染的问题，有效改善并优化了养殖棚舍的内部环境。在动物粪便中使用相关微生物，促进有机肥腐熟发酵。

收获后作物秸秆或残茬可耕翻入土，为后茬作物增产，提高土壤微生物数量，改善土壤结构，固定土壤，提高综合种植经济效益。

1.4.2 合理使用轮作、套作、间作等生产技术

通过合理使用轮作、间作、套作等生产技术，能够在相对短时间内实现种植作物数量最大化，提高土地利用效率。同时还能够通过生物多样性和协同作用，减少病虫害发生和化学肥料的使用。此外还能够实现园区内饲料作物多样化，确保持续供应，能够不断丰富、改善养殖动物饲料营养组成，减少化学性饲料添加剂的使用。

2. 典型案例

2.1 南京秦邦吉品农业开发有限公司

2.1.1 企业基本情况

南京秦邦吉品农业开发有限公司（以下简称秦邦吉品）2006年成立，位于生态环境优越的南京六合横梁街道，占地1000多亩的土地属于典型的丘陵地带。16年前，秦邦吉品创始人秦俊先后去过德国、瑞士、法国、日本、以色列、韩国等十几个有机农业先进国家和300多个世界领先的有机农场，并与国际知名的机构、专家合作，终于摸索出一套有机种养循环的技术，在生态环境保护、土壤活力修复和食品安全等方面进行了比较成功的实践，如今已成为中国有机品牌农业的代表企业。

2.1.2 绿色生产技术

（1）构建种植、养殖的平衡系统

在秦邦吉品农场，养殖了鸡、猪、牛、羊等动物，它们可以享受充分的阳光与自由空间，吃的是农场自己生产的有机大豆、玉米等饲料及其他植物产品，喝的是农场地下深层经沙石过滤的矿泉水。同时，为了满足消费者的需求，农场还种植了水稻、蔬菜等作物。种植作物所需的有机肥料来源于农场的动物粪便及植物秸秆、蔬菜废弃物等。经过多年的探索，目前秦邦吉品农场

的种植面积和养殖数量已经达到相对稳定的动态平衡。

（2）探索研发出适合秦邦农场的微生物菌群

通过摸索和技术创新，秦邦吉品利用农场养殖的牛的粪便，以及其他原料，制作出各种微生物制剂。这些制剂在鸡舍的垫料中使用，解决了鸡舍排泄物发臭、环境污染的问题，有效改善并优化了养殖棚舍的内部环境；在土壤中使用，有效地改良了土壤结构，增加了土壤有机质、益生菌及微量元素含量，提升了土壤肥力，改善了种植效能；喷洒在作物上，有效提高了作物的光合作用，增强了作物的抗病虫能力，提高了作物产量。目前，秦邦吉品已制作获得14种微生物制剂，解决了农场植物生产、畜禽养殖中出现的问题，为促进农业科技创新，提升产业技术水平发挥了重要作用。

（3）根据农场的生产实际，建立种植、养殖生态防控体系

秦邦吉品根据养殖动物的生长发育特点，建立了百草园、百果园。百草园中的药用植物有蛇床子、洋甘菊、薄荷、益母草、车前子、苍耳、景天、葱兰、麦冬等，百果园中的果树有苹果、桃、梨、李、海棠、山楂、樱桃、枣、石榴、枇杷、桑葚、枸杞、柑橘、杨梅、柿子等。一方面，这些果实、中草药成为动物们的日常食物，为它们提供丰富的微量元素、矿物元素；另一方面，利用这些中草药，可以加工成中药制剂，用于畜禽日常疫病防控。通过生态防控体系的建设，农场生物多样性增加，种植、养殖形成了一个安全、和谐的生态平衡体系。

（4）针对性地开展创新及研发

为应对和解决有机生产中的各种问题，秦邦吉品开展了大量研发工作，主要有以下方面。

1）农业养殖有机微生物循环处理技术的研发。通过该项技术的研发，解决了鸡舍排泄物发臭、环境污染的问题。同时，利用定时自动喷雾技术，保持鸡舍的湿度，促进有益菌种的活性，加速分解速度和提高分解能力，维护良好的鸡群生长环境。另外，使用机械堆积装置，利用传送带对鸡群排泄物进行机械收集和堆积，通过干湿分离发酵，获得有机肥，作为有机农产品的肥料，实现循环利用；使用排泄物污水物有机循环处理装置，对养殖产生的污水质液分离后进行微生物发酵处理，实现污水的循环利用。

2）芽孢杆菌的培育及研究。在取得微生物制剂使用效果的基础上，秦邦吉品开展了微生物菌种的培育及研究项目。通过分离秦邦吉品土壤获得的类芽孢杆菌 QBJP-F4 和巨大芽孢杆菌 QBJP-F6，通过特定的生产工艺生产出每克含活菌数 $\geqslant 2.0 \times 10^7$ 个的基质，基质混入土壤，土壤的活性和有机物高于一般土壤，保证了培育出的农作物的营养成分远高于一般农作物。

3）有机农作物与蔬菜套种高效栽培技术的研发。该项技术的研发成果，主要体现在以下四个方面：一是，秦邦吉品选取有机玉米与菊花脑套种的方式，通过套种有效减少杂草生长，农作物生产期不使用除草剂，同时有机肥的施用减少了对环境和生态的破坏，间接扩大了作物的种植面积，系统提高了对土地、水分和光照等自然资源的利用效率。二是，选用优质、高产、抗病虫害、抗倒伏能力强、耐密性及商品性好的玉米品种，菊花脑选用无病虫的健康老桩进行扦插繁殖；菊花脑作为南京人餐桌上必不可少的蔬菜，单价是玉米的两倍左右，经济效益大幅提高。三是利用公司有机育苗栽培技术，通过集中育苗、移栽、定植等工序，按照试验得出的最佳植株分布，进行套种，利用自产的富含活性菌的有机肥对土壤进行改良。四是，利用物理防虫法捕捉田间害虫，减少农作物病虫害。

2.1.3 取得的成效

（1）企业获得荣誉

秦邦吉品先后被江苏省农委授予"江苏省畜牧生态健康养殖示范基地""江苏省畜禽良种化示范场""江苏省农业科技成果转化示范基地""江苏省农产品质量安全控制示范基地"。2011 年获"南京市名牌产品称号"，2012年两会期间被 CCTV7 频道报道，2012 年被南京市人民政府授予"南京市农业产业化重点龙头企业"称号，2013 年被 CCTV2 十八大期间频道报道，2014 年通过 ISO9001 认证，2014 年获得"南京市十佳农产品网商"，2017 年参与农业部部长韩长赋带队的"首届中欧有机发展论坛"活动。

秦邦吉品的所有鸡、鸡蛋和水稻、玉米、大豆、蔬菜等作物产品都已经获得中国有机认证、欧盟有机认证、国际最高的德米特认证，鸡蛋蝉联七届获得中国国际有机食品博览会产品金奖。

目前，公司拥有国内授权发明专利 2 项，授权实用新型 6 项，已经申报受理的发明专利 3 项，受理的实用新型 5 项。"优质鸡引繁选优与安全养殖模式的集成推广"获得江苏省农业丰收奖二等奖；与南京市农业技术推广站、南京工业大学、江苏省农业科学院合作的"典型微生物源农用品生物制造关键技术研发与应用"获得 2020—2021 年度神农中华农业科技奖成果奖三等奖；2010 年 9 月，秦邦吉品总经理秦俊被南京市科学技术委员会评为"南京市星火科技带头人"。

（2）经济和社会效益

目前，秦邦吉品在国内有 20000 多会员并保持 20% 的增长，秦邦吉品生产的有机鸡蛋 5 元一枚，在超市和会员中供不应求。为满足全国各地会员的购买愿望，秦邦吉品的线上平台增加了有机产品的种类，包括有机粮油、有机牛奶、各种有机水果、有机葡萄酒、有机化妆品、有机服饰等，这些产品来自全国各地的有机生产企业。

通过市场分析，对顾客和市场的需求、期望和偏好更加清晰，对当前及未来的顾客和市场的需求、期望及其偏好有了全面、动态的了解，秦邦吉品不断调整营销策略，确保产品和服务不断符合市场需要，建立和完善顾客关系，拓展新的市场。目前，秦邦吉品的顾客覆盖了江苏、上海、杭州、福州、武汉、合肥、厦门、青岛、苏州、常州、扬州等全国 33 个省市和地区（包括香港）。同时，秦邦吉品还与天猫、一条生活馆、悦活等全国高端电商平台、社群合作，不断开拓市场为更多的家庭提供优质安全的农产品。

（3）生态效益

秦邦吉品遵循"健康的环境→健康的土地→健康的植物→健康的动物→健康的食物→健康的人类"的发展路径，按照生物动力农业的要求进行的玉米、大豆、水稻、瓜果、蔬菜等作物的有机种植，开展鸡、猪、牛、羊等动物的有机养殖，实现了种养结合、生态循环利用的有机生态闭合体系。在秦邦吉品农场，土壤得到改良，土壤有机质含量显著提高，打破了有机种植产量低的传统说法。在对土壤有机质检测报告中，土壤有机质含量均在每千克土壤 26 克以上，最高的地块每千克土壤有机质含量高达 38.1 克。

通过 16 年的建设，农场已有 500 多种生物，每平方米土地有 106 条蚯蚓，大量的鸟儿在农场栖息，公鸡、母鸡、黑猪吃农场自己生产的蔬菜水果，在鸡舍猪舍使用自己农场生产的生物制剂，鸡舍猪舍干净无异味。农场通过种养结合，真正实现了种养殖的有机循环，闭合生产，污水零污染零排放再循环利用，健康的土壤，种植、养殖出了健康的产品。

2.2 内蒙古圣牧高科牧业有限公司

2.2.1 企业基本情况

内蒙古圣牧高科牧业有限公司（以下简称圣牧）成立于2009年10月，注册资本为8.8870亿元。2014年7月15日作为中国有机奶第一股在香港上市，是继伊利、蒙牛之后自治区的第三家上市乳企。

2.2.2 绿色生态技术

（1）采用的防沙治沙技术与模式

1）圣牧治沙模式为三级防护。为了减少沙尘暴灾害对有机种植的危害，圣牧在草场开发的同时，"益草则草，益林则林"改造荒漠，采用旱生乔木、沙生灌木、多年生牧草与一年生牧草相结合的模式，以一年生牧草（青贮玉米、燕麦草等）作为先锋植物，充分发挥了草本植物覆盖固沙的优势。加强矮灌木型防护林结合多年生牧草人工草地（紫花苜蓿）建植，以消除大规模沙尘暴沙源。在基地边缘的沙区，圣牧建植了以沙冬青、红柳、柠条、梭梭、花棒、沙枣等沙生灌木为主，新疆杨、胡杨、沙枣、榆树、槐树等乔木为辅的防风林带，形成了保护人工草场的屏障。

圣牧成立至今，已在乌兰布和沙漠种植了9700万株各类树木，绿化沙漠30余万亩。有机种植基地每隔200米就建设一条灌木防风林带，减小区域内风力等级及沙体流动；在边界及道路两侧，则栽种以杨树、柳树为主的乔木防风林带。加上田间的草本作物，通过这样的结构，能够逐级降低风力，可以将6～7级的原始风力降低至4～5级。

2）三亩地养一头牛、一头牛养三亩地的承载力。在饲养有机奶牛的过程中，产生大量的牛粪、牛尿等养殖废物，通过腐熟发酵后成为良好的有机肥料，尤其是对疏松土壤、提高土壤有机质含量起到至关重要的作用。一头泌乳牛每年的饲料采食量约为17.5吨，其中饲草采食量约占60%，为10.5吨左右，大致相当于3亩地的饲草产量；产粪量约为每年12.5吨，腐熟发酵后约为10

吨，按 3 亩地分配，平均每亩可以分配 3.3 吨的腐熟牛粪，折合体积约为 3 立方米（见表 3-1）。

表 3-1　有机奶牛采食量及排便量

牛群种类	每头牛每日采食量（kg）		每头牛每日排污量（kg）	
	采食量	饮水量	排粪量	排尿量
0～6 月犊牛	6	23	4.2	6.9
青年牛	20	41	14	12.3
干乳牛	24	54	16.8	16.2
泌乳牛	45	120	33.6	20

3）轮作倒茬植物的选择。圣牧有机种植基地以苜蓿、燕麦草、青贮玉米作为主要的饲草作物。实施豆 - 禾轮作体系，每 5 年苜蓿与玉米、燕麦草、大麦、高丹草等禾本科饲草进行轮作，在保证所有种植的作物符合有机奶牛日粮需求外，用豆科作物参与轮作，补充土壤肥力。

4）牛粪腐熟发酵的过程。采用好氧堆肥工艺对牧场牛粪进行无害化处理，生产有机肥。牛粪好氧堆肥是指牛粪在有氧及适当温度的条件下，利用微生物作用达到稳定化、无害化，进而转变为优质有机肥的工艺。

（2）有机种植、有机养殖循环模式

圣牧有机种植基地依托乌兰布和沙漠得天独厚的有机环境，又通过有机养殖创造了一片沙漠绿洲。通过不断的摸索和创新，圣牧人创造了"种、养、加"一条龙的沙草全程有机循环产业链模式，这是一个良性的循环模式，也是一个可持续发展的产业链模式。

圣牧在沙漠建植以紫花苜蓿、青贮玉米、燕麦草为主的人工草场。豆科牧草的根系含有大量根瘤菌，可以固定空气中的氮素，提高土壤肥力，促进物质的有效循环。玉米、燕麦草丰富的地下生物量可增加土壤有机质，避免土壤板结，旺盛的地下根系可固定表层土壤，避免耕层土壤流失，增加土壤保水保肥能力。

圣牧还利用盐碱较严重的土地种植草木樨、箭筈豌豆等豆科作物作为绿肥，改良盐碱化土壤，提高土壤肥力。有机牧草收获后，残茬可耕翻入土，为后茬作物增产，提高土壤中的有机质含量，改善土壤结构，固定土壤，提高综合种植经济效益。

有机牧草种植基地利用了有机牧场产生的粪污，通过腐熟发酵制成清洁无污染的有机肥料。通过适度施用有机肥，可使沙化土壤团粒结构增加，保水保肥性能提高，提高土壤肥力，同时提高了作物的抗旱能力。圣牧有机牧场每年可生产数十万吨优质有机肥料，总体积达 60 万立方米，按照 1 厘米厚度铺于沙漠上，可覆盖近 10000 公顷的土地。

2.2.3　取得的成效

（1）企业荣誉

圣牧利用沙漠天然无污染的环境优势，探索出"种植＋养殖＋加工＋销售"一体化沙草有机可循环模式，建立沙漠全程有机产业链。通过十多年的防风固沙、种草养牛、牛粪还田，形成了产业治沙的可持续、可循环发展新模式。

圣牧生产的牛奶标准远高于欧盟认证，微生物细菌含量是欧盟标准的二十分之一，体细胞数量是欧盟标准的四分之一；每百毫升富含优质乳蛋白3.5 克、生物钙 120 毫克，优质乳蛋白和生物钙较易被人体吸收，更有益人体健康。

（2）生态效益

圣牧有机种养殖基地已成为国内规模最大、最具引领示范的有机产业基地，被国家列为"绿水青山就是金山银山"创新实践之地。累计投入超过 70亿人民币，在沙漠咽喉地带种植了 9700 多万棵沙生树木，将 22 万亩沙漠改造成优良草场，让 220 平方公里的沙漠披上绿装，建设 33 座牧场，养殖 11 万头奶牛，年产 60 万吨原奶，修建公路 193.3 千米，架设 277.9 千米电线，建成11 座蓄水池，9 座有机粪肥发酵厂，1 座生物有机肥加工厂。

乌兰布和沙漠总面积净减 96.54 平方千米。其中流动沙丘面积减少 150.16平方千米，半流动沙丘面积减少 1.79 平方千米，半固定沙丘面积增加 29.34 平方千米，固定沙丘面积增 50.40 平方千米。林地、草地、耕地、水域湿地覆被面积大幅增加，改变了乌兰布和沙漠景观的分布格局。根据中国林业科学院沙漠林试验中心统计，当地的沙尘量较 80 年代减少了 80%～90%，风速减小了21.41%，沙漠绿化面积从 2008 年 16969 亩增加到 2019 年 212352 亩。2016 年，这片区域第一次出现雾，到目前为止已经出现过 9 次雾，2018 年出现过一次大范围的降雪，同时降雨量也由之前不足 80 毫米，增加到现在的 260 毫米，该区域生态环境得到明显改善。

（3）社会效益

十年间，圣牧带动 2 万多农牧民走上了脱贫致富的道路，解决和带动就业 100 多万人，为国家创税 4 亿多元，实现了绿色生态、经济效益、社会效益共赢的局面。整个产业链贯穿牧草种植、饲草料加工、奶牛养殖、粪便无害化处理、有机肥还田利用及奶产品加工等各个环节，为原始沙漠的改造做出了巨大的贡献。

参考文献

［1］中共中央办公厅，国务院办公厅印发.关于创新体制机制推进农业绿色发展的意见，http：//www.gov.cn/xinwen/2017-09/30/content-5228960.htm.

［2］中华人民共和国自然资源部.2016中国国土资源公报，http：//www.mlr.gov.cn/testtest2/bszxfw/201705/P020170503629020945924.pdf.

［3］中华人民共和国农业农村部.农业农村部关于印发《农业绿色发展技术导则（2018-2030年)》的通知［EB/OL］.［2018-07-06］，http：//www.moa.gov.cn/gk/ghjh_1/201807/t20180706_6153629.htm.

［4］国务院.关于印发土壤污染防治行动计划的通知，http：//www.gov.cn/zhengce/content/2016-05/31/content_5078377.htm.

［5］农业农村部，生态环境部办公厅.关于进一步做好受污染耕地安全利用工作的通知，http：//www.moa.gov.cn/govpublice/KJJYS/201904/t20190422_6212175.htm.

［6］全国土壤污染状况调查公报，https：//www.mee.gov.cn/gkml/sthjbgw/qt/201404/t20140417_270670_wh.htm.

［7］环境保护部发布.2016中国环境状况公报，http：//www.gov.cn/xinwen/2017-06/06/content_5200281.htm.

［8］农业部.关于发展无公害农产品绿色食品有机农产品的意见，http：//www.moa.gov.cn/nybgb/2005/djiuq/201806/t20180618_6152509.htm.

［9］艾尔伯特·霍华德.农业圣典［M］.李季，主译.北京：中国农业大学出版社，2013.

［10］鲍敏，康明浩.植物内生菌研究发展现状［J］.青海草业，2011，20（1）：21-25.

［11］蔡昕悦，刘耀臣，解志红，等.互惠共生微生物多样性研究概况［J］.微生物学通报，2020，47（11）：3899-3917.

［12］蔡长平，黄军，曾艳，等.一株辣椒内生拮抗细菌的筛选及初步鉴定［J］.湖南农业科学，2018（7）：1-4.

［13］池景良. 解磷微生物研究及应用进展［J］. 微生物学杂志，2021，41（1）：7.

［14］邓洪渊，孙学文，谭红. 生物农药的研究和应用进展［J］. 世界科技研究与发展，2005，27（1）：76-80.

［15］丁绍武，张鹏，刘梦铭. 植物内生菌对植物生长的影响研究进展［J］. 现代农业科技，2020（11）：3.

［16］杜华，王玲，孙炳剑，等. 防治植物病害的生物农药研究开发进展［J］. 河南农业科学，2004（9）：39-42.

［17］段春梅，薛泉宏，赵娟，等. 放线菌剂对黄瓜幼苗生长及叶片 PPO 活性的影响［J］. 西北农业学报，2010，19（9）：48-54.

［18］富兰克林·H. 金. 四千年农夫［M］. 程存旺，石嫣，译. 北京：东方出版社，2016.

［19］甘毅，沈仲佶，周海莲，等. 叶际微生物对植物气孔开闭调控的研究进展［C］// 2009 年中国微生物生态学年会.

［20］高丁石，潘占杜，李作明，等. 农业绿色发展关键问题与技术［M］. 北京：中国农业科学技术出版社，2018.

［21］韩雪. 放线菌生物肥料对作物生长及根际微生物群落调控的影响［D］. 西北农林科技大学，2021.

［22］胡亚杰，韦建玉，卢健，等. 枯草芽孢杆菌在农作物生产上的应用研究进展［J］. 作物研究，2019，33（2）：167-172.

［23］焦翔. 我国农业绿色发展现状、问题及对策［J］. 农业发展，2019（9）：3-5.

［24］金轶伟，柴一秋，厉晓腊，等. 生物农药的应用现状及其前景［J］. 河北农业科学，2008，12（6）：37-39.

［25］李博文. 微生物肥料研发与应用［M］. 北京：中国农业出版社，2016.

［26］李婷华，陈倩，郭晓奎. 病毒与宿主互利共生的研究［J］. 中国微生态学杂志，2016，28（8）：988-990.

［27］李琬，刘淼，张必弦，等. 植物根际促生菌的研究进展及其应用现状［J］. 中国农学通报，2014，30（24）：1-5.

［28］李学敏，巩前文. 新中国成立以来农业绿色发展支持政策演变及优化进路［J］. 世界农业，2020，492（4）：40-50.

［29］李勇，杨慧敏，李铭刚，等. 微生物农药的研究和应用进展［J］. 贵州农业科学，2003，31（2）：62-63.

［30］梁鸣早. 生态农业优质高产"四位一体"种植技术手册［M］. 北京：中国农业科学技术出版社，2022.

［31］梁鸣早，路森，张淑香. 中国生态农业高产优质栽培技术体系生态种植原理与施肥模式［M］. 北京：中国农业大学出版社，2017.

［32］梁鸣早，张淑香，吴文良. 绿色农产品是生态农业的关键环节—有机物、矿物质和有益微生物的有机组合［J］. 中国科技成果，2020，（10）：24-29.

［33］林孝丽，周应恒. 稻田种养结合循环农业模式生态环境效应实证分析—以南方稻区稻鱼模式为例［J］. 中国人口·资源与环境，2012，22（3）：37-42.

［34］刘彩霞，黄为一. 耐盐碱细菌与有机物料对盐碱土团聚体形成的影响［J］. 土壤，2010，42（1）：111-116.

［35］刘刚. 农业绿色发展的制度逻辑与实践路径［J］. 当代经济管理，2020，42（5）：35-40.

［36］刘高强，王晓玲，周围英，等. 微生物农药研究与应用的新进展［J］. 食品科技，2004，（9）：1-3.

［37］刘立新. 科学施肥新技术与实践［M］. 北京：中国农业科学技术出版社，2008.

［38］卢明镇. 植物-微生物互惠共生：演化机制与生态功能［J］. 生物多样性，2020，28（11）：1311-1323.

［39］马文奇，马林，张建杰，等. 农业绿色发展理论框架和实现路径的思考［J］. 中国生态农业学报（中英文），2020，28（8）：1103-1112.

［40］牛丽纯. 沙枣根瘤微生物及根系内 AM 真菌多样性研究［D］. 黑龙江大学，2014.

［41］潘建刚，呼庆，齐鸿雁，等. 叶际微生物研究进展［J］. 生态学报，2011，31（2）：583-592.

［42］宋大利，侯胜鹏，王秀斌. 中国秸秆养分资源数量及替代化肥潜力［J］. 植物营养与肥料学报，2018，24（1）：21.

［43］苏本营，陈圣宾，李永庚，等. 间套作种植提升农田生态系统服务功能［J］. 生态学报，2013，33（14）：4505-4514.

［44］孙佳瑞，胡栋，张翠绵，等. 链霉菌 S506 对番茄苗生长和冷害生理生化的影响［J］. 中国农学通报，2012，28（31）：167-171.

［45］孙炜琳，王瑞波，姜茜，等. 农业绿色发展的内涵与评价研究［J］. 中国农业资源与区划，2019，40（4）：14-21.

［46］索云凯，刘丽红，张雷，等. 解钾菌解钾作用研究进展［J］. 当代化工，2021，50（4）：924-929.

［47］唐佳丽，金书秦. 中国种养结合研究热点与前沿—基1998年以来的文献分析［J/OL］. 中国农业资源与区划，2021，9（13）：1-10.

［48］王飞，石祖渠，王久臣，等. 生态文明视角下推进农业绿色发展的思考［J］. 中国农业资源与区划，2018，39（8）：17-22.

［49］王红力. 四种生物农药对葡萄白粉病的防治效果研究［D］. 西北农林科技大学，2021.

［50］王农，熊伟，孙琦，等. 推进乡村生态振兴与农业绿色发展的思考［J］. 天津农业科学，2019，25（4）：59-62.

［51］魏琦，张斌，金书秦. 中国农业绿色发展职数构建及区域比较研究［J］. 农业经济问题，2018（11）：11-19.

［52］文才艺，吴元华，田秀玲. 植物内生菌研究进展及其存在的问题［J］. 生态学杂志，2004（2）：86-91.

［53］武杞蔓，张金梅，李玥莹，等. 有益微生物菌肥对农作物的作用机制研究进展［J］. 生物技术通报，2021，37（5）：221-230.

［54］杨宽，王慧玲，叶坤浩，等. 叶际微生物及与植物互作的研究进展［J］. 云南农业大学学报（自然科学），2021，36（1）：155-164.

［55］尹昌斌，李福夺，王术，等. 中国农业绿色发展的概念、内涵与原则. 中国农业资源与区划，2021，42（1）：1-6.

［56］于发稳. 新时代农业绿色发展动因、核心及对策研究［J］. 中国农村经济，2018（5）：19-34.

［57］余武秀，申继忠. 植物病毒病和抗病毒剂［J］. 世界农药，2021，43（5）：17-24.

［58］张彬，陈奇，丁雪丽，等. 微生物残体在土壤中的积累转化过程与稳定机理研究进展［J］. 土壤学报，2022，59（6）：1479-1491.

［59］周德庆. 微生物学教程［M］. 北京：高等教育出版社，2011.

［60］朱泽闻、李可心、陈欣，等. SC/T 1135稻渔综合种养技术规范.

［61］AMEZKETA E. Soil Aggregate Stability：A Review［J］. Journal of Sustainable Agriculture，1999，14（2-3）：83-151.

［62］ANGELUS J. BIOLOGIST. Dmitri Ivanovsky［C］，2011//：Dmitri Ivanovsky.

［63］BéLANGER TAR. Mechanisms and Mans of Dtection of biocontrol Activity of *Pseudozyma* Yeasts against Plant-pathogenic Fungi [J]. FEMS Yeast Research, 2002, 2 (1): 5-8.

[64] BRANDL SLM Microbiology of the Phyllosphere [J]. Applied & Environmental Microbiology, 2003, 69 (4): 1875-1883.

[65] BUEKS F, KAUPENJOHANN M. Enzymatic Biofilm Digestion in Soil Aggregates Facilitates the Release of Particulate Organic Matter by Sonication [J]. Soil, 2016, 2 (4): 499-509.

[66] COMPANT S, CLéMENT C, SESSITSCH A. Plant Growth-promoting Bacteria in the Rhizo- and Endosphere of Plants: Their Role, Colonization, Mechanisms Involved and Prospects for Utilization [J]. Soil Biology and Biochemistry, 2010, 42 (5): 669-678.

[67] COSTA OYA, RAAIJMAKERS JM, KURAMAE EE. Microbial Extracellular Polymeric Substances: Ecological Function and Impact on Soil Aggregation [J]. Front Microbiol, 2018, 9: 1636.

[68] BALDANI JI, CARUSO L, BALDANI VLD, et al. Recent Advances in BNF with Non-legume Plants [J]. Soil Biology & Biochemistry. 1997, 29 (5-6): 911-922.

[69] DE VLEESSCHAUWER D, HöFTE M. Chapter 6 Rhizobacteria-Induced Systemic Resistance [J]. Advances in Botanical Research, 2009, 51: 223-281.

[70] DUTTA S, PODILE AR. Plant Growth Promoting Rhizobacteria (PGPR): the Bugs to Debug the Root Zone [J]. Crit Rev Microbiol, 2010, 36 (3): 232-244.

[71] HASAN N, FARZAND A, HENG Z, KHAN IU, et al. Antagonistic Potential of Novel Endophytic *Bacillus Strains* and Mediation of Plant Defense against Verticillium Wilt in Upland Cotton [J]. Plants (Basel), 2020, 9 (11): 1438.

[72] IGIEHON NO, BABALOLA OO. Rhizosphere Microbiome Modulators: Contributions of Nitrogen Fixing Bacteria towards Sustainable Agriculture [J]. Environmental Research and Public Health, 2018, 15 (4): 574.

[73] KACI Y, HEYRAUD A, BARAKAT M, HEULIN T. Isolation and Identification of an EPS-producing *Rhizobium* Strain From and Soil (Algeria): Characterization of Its EPS and the Effect of Inoculation on Wheat Rhizosphere Soil Structure [J]. Research in Microbiology, 2005, 156 (4): 522-531.

[74] KHAN A, SINGH J, UPADHAYAY VK, et al. Microbial Biofortification: A Green Technology Through Plant Growth Promoting Microorganisms [C] //Sustainable Green Technologies for Environmental Management, 2019, 255-269.

［75］KINDLER R，MILTNER A，RICHNOW H-H，et al. Fate of Gram-negative Bacterial Biomass in Soil-mineralization and Contribution to SOM［J］. Soil Biology & Biochemistry，2006，38（9）：2860-2870.

［76］KLUSENER B，YOUNG J，MURATA Y，et al. Convergence of Calcium Signaling Pathways of Pathogenic Elicitors and Abscisic Acid in Arabidopsis Guard Cells［J］. Plant Physiol，2002，130（4）：2152-2163.

［77］LADHA J K，OLIVARES FL，LANNETTA P PM. Infection and Colonization of Rice Seedlings by the Plant Growth-Promoting Bacterium *Herbaspirillum seropedicae* Z67. Mol［J］. Plant-Microbe Interact，2002，15（9）：894-906.

［78］LAFOREST-LAPOINTE I，MESSIER C，KEMBEL S W. Host Species Identity，Site and Time Drive Temperate Tree Phyllosphere Bacterial Community Structure［J］. Microbiome，2016，4（1）：1-10.

［79］LINDOW ST，BEATTIE GA. Bacterial Colonization of Leaves：A Spectrum of Strategies［J］. Phytopathology，1999，89（5）：353-359.

［80］MARTIN FM，UROZ S，BARKER DG. Ancestral Alliances：Plant Mutualistic Symbioses with Fungi and Bacteria［J］. Science，2017，356（6340）：4501.

［81］MENDES R，GARBEVA P，RAAIJMAKERS JM. The Rhizosphere Microbiome：Significance of Plant Beneficial，Plant Pathogenic，and Human Pathogenic Microorganisms［J］. Fems Microbiology Reviews，2013，37（5）：634-663.

［82］MIRANSARI M. Arbuscular Mycorrhizal Fungi and Nitrogen Uptake［J］. Arch Microbiol，2011，193（2）：77-81.

［83］Nouh FAA，Abo Nahas HH，Abdel-Azeem AM. Agriculturally Important Fungi：Plant - Microbe Association for Mutual Benefits［M］//Agriculturally Important Fungi for Sustainable Agriculture. Springer，Cham，2020：1-20.

［84］ONGENA M，JOURDAN E，ADAM A，et al. Surfactin and Fengycin Lipopeptides of Bacillus Subtilis as Elicitors of Induced Systemic Resistance in Plants［J］. Environ Microbiol，2007，9（4）：1084-1090.

［85］PII Y，MIMMO T，TOMASI N，et al. Microbial Interactions in the Rhizosphere：Beneficial Influences of Plant Growth-promoting Rhizobacteria on Nutrient Acquisition Process. A Review［J］. Biology and Fertility of Soils，2015，51（4）：403-415.

［86］RAJKUMAR M，AE N，PRASAD MNV，et al. Potential of Siderophore-producing Bacteria for Improving Heavy Metal Phytoextraction［J］. Trends in Biotechnology，2010，28（3）：142-149.

［87］REDECKER D，KODNER R，GRAHAM LE. Glomalean Fungi from the Ordovician［J］. Science，2000，289（5486）：1920-1921.

［88］RUDRAPPA T，CZYMMEK KJ，PARE PW，et al. Root-Secreted Malic Acid Recruits Beneficial Soil Bacteria［J］. Plant Physiology，2008，148（3）：1547-1556.

［89］SINGH J，SINGH AV，PRASAD B. Sustainable Agriculture Strategies of Wheat Biofortification through Microorganisms. In：Kumar A，Kumar A，Prasad B（eds）Wheat A premier Food Crop［J］. Kalyani publishers，New Delhi，2017：374-391.

［90］SU P，ZHANG D，ZHANG Z，et al. Dissection on The Agronomical Functions of Photosynthetic Bacteria［J］. Chinese Journal of Biological Control，2021，37：30-37.

［91］THOMPSON LR，SANDERS JG，MCDONALD D，et al. A Communal Catalogue Reveals Earth's Multiscale Microbial Diversity［J］. Nature，2017，551（7681）：457-463.

［92］TIWARI S，SHWETA S，PRASAD M，et al. Genome-wide Investigation of GRAM-domain Containing Genes in Rice Reveals Their Role in Plant-rhizobacteria Interactions and Abiotic Stress Responses［J］. International Journal of Biological Macromolecules，2020，156：1243-1257.

［93］WHIPPS JM，HAND P，PINK D，et al. Phyllosphere Microbiology with Special Reference to Diversity and Plant Genotype［J］. J Appl Microbiol，2008，105（6）：1744-1755.